教师教育理论与实践丛书

丛书主编　彭小明

Flash 教学课件开发技能实训

赖文华　编著

温州大学浙江省教师教育建设基地
温州大学"教育学"重点学科（A类）经费资助

科学出版社

北　京

内 容 简 介

本书以编者在温州大学任教的"二维动画制作"课程为基础，结合多年来所收集的素材和积累的教学经验，以"做中学"为设计理念，将内容分为四个模块，分别为 Flash 课件绘图技能、Flash 课件动画制作基础、Flash 交互课件制作、Flash 课件综合实践项目。前三个模块重点介绍了 Flash 课件开发所需要的基础技能，即绘图技能、动画制作技能、交互设计技能，最后一个模块通过综合实践项目对基础模块的内容进行拓展和深化应用，全面而系统地介绍游戏型课件和短片型课件的具体制作过程。使读者能真正了解课件设计的工作流程，能够理论联系实际并以致用。

本书可作为高等学校教育技术学专业、媒体设计及计算机应用等相关专业的教材，还可以作为中小学教师进行 Flash 课件设计与开发的参考读物。

扫描书中的二维码可以下载案例源文件和演示文件。

图书在版编目（CIP）数据

Flash 教学课件开发技能实训/赖文华编著. —北京：科学出版社，2017.11
（教师教育理论与实践丛书/彭小明主编）
ISBN 978-7-03-055605-9

Ⅰ.①F… Ⅱ.①赖… Ⅲ.①动画制作软件 Ⅳ.①TP391.414

中国版本图书馆 CIP 数据核字（2017）第 286330 号

责任编辑：吉正霞 赵鹏利/责任校对：杜子昂
责任印制：徐晓晨/封面设计：苏 波

科 学 出 版 社 出版
北京东黄城根北街 16 号
邮政编码：100717
http://www.sciencep.com

北京凌奇印刷有限责任公司 印刷
科学出版社发行 各地新华书店经销
*

开本：787×1092 1/16
2017 年 11 月第 一 版 印张：14 3/4
2021 年 1 月第四次印刷 字数：340 000
定价：**68.00 元**
（如有印装质量问题，我社负责调换）

前　言

    Adobe Flash 软件是 Adobe 公司开发的二维动画创作软件。通过这个软件,用户可以创作出动感十足、交互性强、美观大方的动画作品。在课件制作领域,Flash 一直是不可或缺的软件,与 PowerPoint 课件相比,Flash 课件更具有专业性,面向的是具有一定审美基础和软件开发经验的用户。本书在参考了国内外近百本 Flash 动画参考书的基础上,提炼了适合教育工作者开发多媒体课件的知识框架和实用技能,与读者一起分享。

    本书比较适合作为高等学校、职业学校的教材,如教育技术学专业、计算机应用相关的专业。教师教给学生的知识应该情境脉络化,体现设计思维,便于学生迁移应用,促进项目开发和问题解决能力的提高。基于这样的理念,本书中案例都是编者精心选择、具有代表性的作品,并通过这种案例的形式将零散的知识编织成了一张网,覆盖了 Flash 动画制作的关键技术和方法,也覆盖了 Flash 动画在课件制作领域的典型应用。

    本书包括 4 个模块,共计 17 个实训,遵循由简单到复杂、由直观到抽象的原则进行编排。

    (1)模块一:Flash 课件绘图技能,通过 Flash 绘图工具的使用,能够掌握简单的卡通形象乃至复杂的动画场景的绘图技法。

    (2)模块二:Flash 课件动画制作基础,包括补间动画、遮罩动画、引导路径动画、角色动画以及按钮交互动画制作基础。通过这个模块的学习,可以制作出复杂的动画效果,如人物行走、汽车运动、青蛙跳跃等。

    (3)模块三:Flash 交互课件制作。主要内容为按钮导航型交互、文本输入型交互、选项交互型、对象匹配型交互以及简单的游戏交互型课件的制作和应用。通过这个模块的学习,可以制作选择题、填空题、拖拽题、连线题、填色题等各种常见的交互课件。

    (4)模块四:Flash 课件综合实践项目,包括游戏设计开发和故事短片设计开发。通过这个模块的学习,可以整体感知 Flash 课件设计、开发、测试和整合的完整流程。

    为了践行节约环保的理念,本书并不发行配套光盘,本书所用范例的源文件通过百度云盘与读者分享。此外,2018 年春季,作者将在浙江省高等学校精品在线开放课程共享平台(zjedu. moocollege. com)开课,将会有很多的学习资源与读者一起分享,欢迎关注。

    本书中使用的案例并不完全由作者原创,参考了业界同仁的优秀作品。

《小蝌蚪找妈妈》案例来源于贝瓦儿歌网,《找不同》案例参考了黄新峰等编著的《Flash CS5 ActionScript 3.0 游戏开发》,《英语儿歌》案例参考了《培生启蒙互动英语》,其他个别案例参考邓文达、缪亮、杨东昱等编著的优秀教材。感谢上述单位和作者为业界创作了优秀的作品,也为本书提供了智力支持。

本书是浙江省教育厅 2013 年高等教育课堂教学改革项目的课题成果(课题编号:Kg2013374),也是温州大学精品开放课程"Flash 商业广告创作"的课题成果。此外,温州大学教师教育基地和温州大学教师教育实验示范中心为本书的出版提供了精神动力和资金支持。

编者希望本书能为从事 Flash 课件制作相关的老师、学生、技术开发人才提供有益的支持。尽管努力做到最好,但是编写过程中难免有疏漏和不妥之处,恳请广大读者不吝批评指正。如果在阅读过程中遇到困难或者有更好的建议,请发邮件到 laiwenhua@126.com。

赖文华

2017 年 3 月 30 日

目录

模块一 Flash 课件绘图技能

实训一 初识 Flash 软件

学习目标

(1) 了解 Flash 软件的界面构成。

(2) 理解 Flash 动画按照时间轴进行播放的原理。

(3) 理解时间轴、库、颜色等浮动面板的用途和使用方法。

(4) 能够熟练运用 Flash 软件完成《Flash 字幕片头》动画的制作。

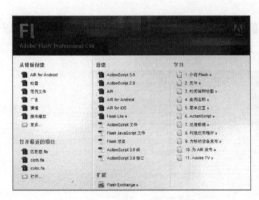
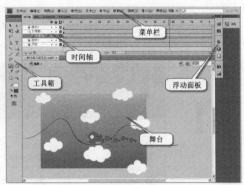

扫码下载源文件

一、Adobe Flash 软件

（一）软件简介

"Flash"这个关键词,既代表着全球流行的计算机动画设计软件,同时也代表用这个软件制作的流行于网络的动画作品。它是 Adobe 公司推出的一款交互式动画设计软件,主要侧重于网络动画设计,可以将音乐、声效、动画以及富有新意的界面融合在一起,制作出高品质的网页动态效果。

随着 Flash 软件的新功能层出不穷,其应用领域也在不断地扩充,现在 Flash 的舞台已不再局限于互联网,电视、电影、移动媒体、教学课件、MTV 音乐电视乃至任何数字多媒体平台等都是它展示自我的舞台。开发 Flash 动画的人员,不仅包括网络动画设计师、交互网站设计师、Web Game 设计师,还包括 Flash 手机游戏创作人员、多媒体课件创作人员、电子杂志创作人员、触摸屏应用程序设计人员等。

Flash 课件充分利用动画、声音、交互、视频以及剪辑等基本元素,形象地表述内容,向学习者传达多层次的信息。Flash 课件具有动感强、文件小、传输快、不易出错等特点。课堂教学中用到的成语故事、模拟仿真操作、微观世界、动态过程都可以通过 Flash 课件直观地呈现。

（二）软件主界面

目前,Flash 软件应用最多的 CS6 版本,能够兼容以前较低版本。Flash CS6 启动以后,显示的开始页主要包括四个模块,如图 1.1.1 所示。

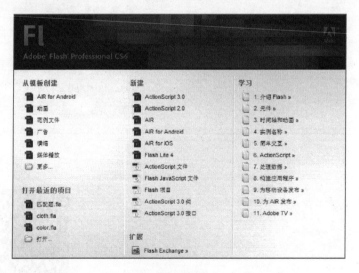

图 1.1.1

（1）"从模板创建":可以快速创建广告、媒体播放等动画文件。

（2）"打开最近的项目":可以直接查看和打开最近使用过的文件。

（3）"新建":Flash CS6 可以新建很多类型的文件,同时也支持不同类型的脚本语言,如 ActionScript 3.0、JavaScript 等。

（4）"学习"：可以链接到 https://helpx.adobe.com 官方网站，该网站提供 Flash 软件操作方法相关的问题和解答。

Flash CS6 版本软件的界面如图 1.1.2 所示。

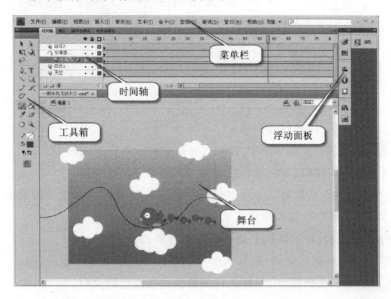

图 1.1.2

（1）时间轴：左侧为图层控制区，右侧为动画帧编辑区，Flash 动画中"动"都需要在时间轴上来实现，横轴表示时间进度，纵轴表示对象的层次。

（2）工具箱：Flash 动画中的"画"都需要利用工具箱中的各种工具来实现，如绘制线条、填充颜色、对象变形以及缩放查看舞台中的对象。

（3）浮动面板：由多个功能面板组成，分别提供不同功能，例如，颜色面板提供色彩选择和设置，库面板存放各种元件等。任何面板可以通过"窗口"菜单命令显示或隐藏。

（4）舞台：编辑和播放电影的区域，当前舞台大小就决定着输出的 swf 文件尺寸的大小，超出舞台的内容将看不到。

（三）常用浮动面板

1. 时间轴面板

时间轴与图层是 Flash 动画的核心部分，它是一个二维空间，是以时间和空间来表示动画的。从左到右的排列，是时间轴的时间维度，以默认每秒 24 帧的速度来播放动画；从上到下的排列，是时间轴的空间维度，位于最下面的图层中的内容在动画中的深度最大，会被它上面的图层所遮盖，如图 1.1.3 所示。

（1）🗂图层 4 普通图层：可以放置形状、元件、声音等对象。

（2）◼图层 5 遮罩图层：可以控制被遮罩层哪些区域显示、哪些区域不显示。

（3）🖉图层 1 补间动画图层：表明该图层有基于对象的补间动画。

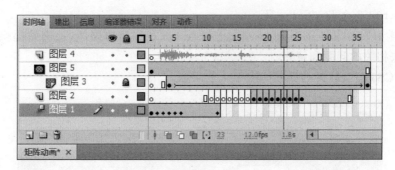

图 1.1.3

(4) ▨空白帧:帧中没有内容。

(5) •••••••关键帧:Flash 动画所有的内容都必须添加在关键帧上。

(6) ००००००空白关键帧:未放置任何内容的关键帧。

(7) •□顺延帧:如果想让一个关键帧中的内容在舞台中存在一段时间,那么就需要放置顺延帧,顺延帧中没有动画效果。

(8) ⌇⌇波表帧:表明该帧上放置了声音对象。

(9) •→□传统补间动画帧:对象从一个副本到另一个副本渐变的过程。

(10) •□补间关键帧:一个对象自身属性发生改变的过程。

2. 属性面板

属性面板的作用是设置和修改文件、工具、关键帧、实例以及形状的属性和参数。选择不同的内容,属性面板的内容就有所不同。

(1) 单击舞台上的空白区域,可以通过属性面板设置文件的属性,如舞台的背景颜色,如图 1.1.4 所示。

(2) 单击时间轴上的关键帧,可以设置关键帧的属性,如帧标签,如图 1.1.5 所示。

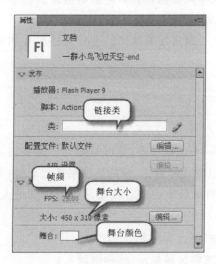

图 1.1.4

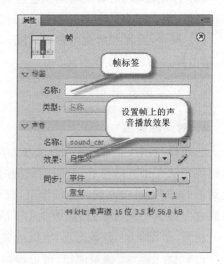

图 1.1.5

（3）选择工具箱中的工具，可以设置工具的属性，如设置铅笔所绘制线条的粗细，如图 1.1.6 所示。

（4）选择舞台上的影片剪辑，可以设置其实例的属性，如投影等滤镜效果，如图 1.1.7 所示。

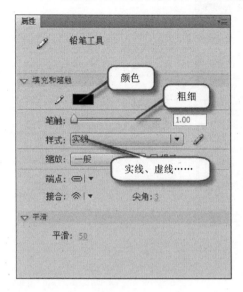

图 1.1.6　　　　　　　　　　　　　　　　　图 1.1.7

3. 颜色面板

执行"窗口"→"颜色"命令或按快捷键 Shift＋F9 可以显示颜色面板，使用颜色面板，可以在 RGB 和 HSB 模式下创建和编辑纯色与渐变填充。如图 1.1.8 所示，利用颜色面板设置了一种浅绿色 RGB(0,255,0)到墨绿色 RGB(0,51,0)的线性渐变填充颜色。

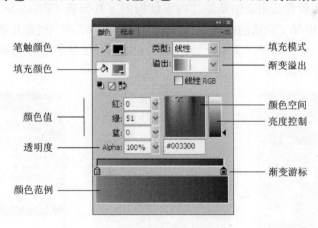

图 1.1.8

4. 库面板

库面板的作用是存放、管理和编辑元件，当在库列表中选择一个元件时，在元件预览窗口中会显示该元件的内容。如果要使用某元件，只需要将其从库中拖动到舞台中即可。

图 1.1.9 所示为"汽车运动"动画文件的库面板及其所包含的元件。

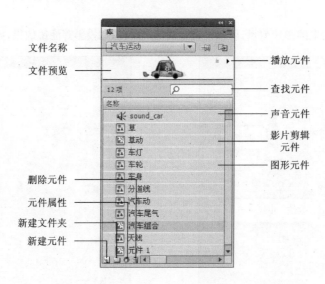

图 1.1.9

5. 对齐和变形面板

对齐面板的作用是对齐和分布对象,如多个对象的左对齐、右对齐、水平等间距分布、垂直等间距分布等,如图 1.1.10(a)所示。

变形面板的作用是针对形状或元件进行缩放、倾斜、二维旋转、3D 旋转等变形操作,此外,还可以按照变形法则快速复制多个对象,如图 1.1.10(b)所示。

6. 影片浏览器面板

影片浏览器面板就是用来浏览影片内部结构的工具面板。Flash 动画的结构非常复杂,嵌套组织结构增加了浏览的难度,在设计和开发程序时,使用"影片浏览器"可以清楚地了解元件之间的嵌套和层次关系。如图 1.1.11 所示,场景 1 中的"小鸟飞"图层包含了"一群小鸟飞"影片剪辑元件。

(a)   (b)

图 1.1.10   图 1.1.11

二、案例——Flash 字幕片头

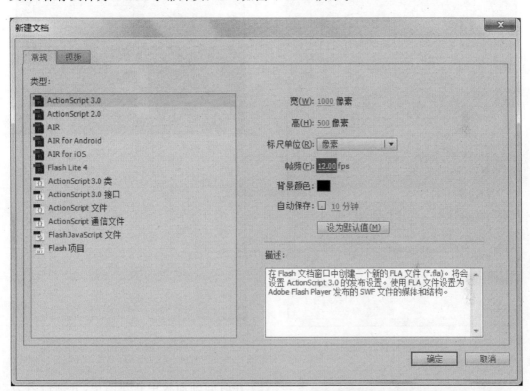

动画效果：伴随着动感的效果音，"F""L""A""S""H"五个字母从远方迅速飞进屏幕，并定格在画面上。

（1）新建 Flash 文件。新建大小为 1000×500 像素、背景色为黑色、帧频为 12 fps 的文件，保存文件为"Flash 字幕片头.fla"，如图 1.1.12 所示。

图 1.1.12

（2）创建"白色"元件。新建图形元件，命名为"白色"，使用"矩形工具"绘制宽为 1200 像素、高为 600 像素的白色矩形，如图 1.1.13 所示。

（3）创建"F""L""A""S""H"五个元件，均为白色，字体为 Arial，字号为 200，加粗，文字设置如图 1.1.14 所示，以"F"元件为例，显示效果如图 1.1.15 所示。

（4）将声音素材导入到库面板中。执行"文件"→"导入"→"导入到库"命令，打开"导入到库"对话框，从配套光盘中选择本实例音效"sound.mp3"。

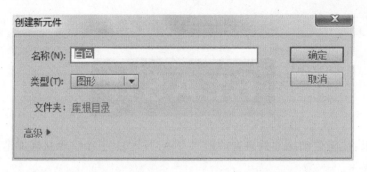

图 1.1.13

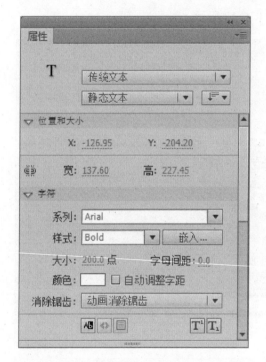

图 1.1.14

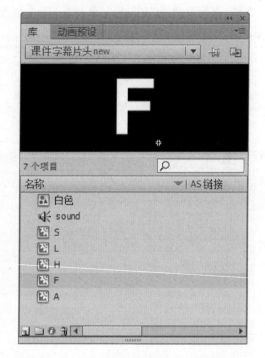

图 1.1.15

图 1.1.16

（5）在时间轴面板中新建图层，分别命名为"F""L""A""S""H""音效"图层，如图 1.1.16 所示。

（6）以"F"层为例，制作文字由远及近并定格在画面上的效果。

① 在第 30 帧处右击，选择"插入关键帧"，将"白色"元件拖放到舞台上，制作文字出现之前的闪光效果。

② 在第 32 帧处插入空白关键帧,将"F"元件拖放到舞台上,调整好位置。

③ 在第 39 帧处插入关键帧。

④ 在第 40 帧处插入关键帧。

⑤ 如表 1.1.1 所示,分别修改第 32、39、40 关键帧上"F"的大小。

表 1.1.1

第 30 帧的"白色"	第 32 帧的"F"	第 39 帧的"F"	第 40 帧的"F"
铺满整个舞台	锁定宽高比,高度设置为 4140 像素	锁定宽高比,高度设置为 540 像素	锁定宽高比,高度设置为 108 像素

⑥ 在第 32 帧和第 39 帧之间右击,创建传统补间动画。(7)"L""A""S""H"层的动画制作步骤与"F"层相同,只是起止关键帧不同。

(8) 添加音效。新建图层,命名为"音效",在第 30 帧、43 帧、54 帧、65 帧、76 帧处插入关键帧,并将 sound 声音素材从库中拖放到舞台上。

(9) 最后选中所有图层,在第 120 帧右击,选择"插入帧",将所有图层都延续到第 120 帧。至此,Flash 字幕片头动画已经完成,时间轴上动画播放顺序如图 1.1.17 所示。

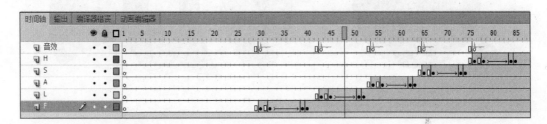

图 1.1.17

(10) 测试影片。执行"控制"→"测试影片"命令(按快捷键 Ctrl＋Enter),观察动画效果,如果满意,执行"文件"→"保存"命令。

知识回顾

打开"一群小鸟飞过天空"动画文件,查看时间轴属性面板的信息,回答下列问题。

(1) 动画的总帧数是多少?

(2) 动画的帧频,即每秒钟播放的帧数是多少?

(3) 动画舞台大小是多少?

(4) 在影片浏览器面板中查看"一群小鸟飞"元件的构成。

(5) 在文件的属性面板中查看文件发布的目标和脚本。

实训二 Flash 绘图工具的应用

学习目标

（1）了解 Flash 工具箱中各种工具的用途。

（2）理解 Flash 软件中矢量形状的构成及加减规律。

（3）掌握铅笔、钢笔、直线、矩形、颜料桶等绘图工具的使用。

（4）能够灵活运用 Flash 绘图工具绘制《甲壳虫》。

（5）能够灵活运用 Flash 绘图工具绘制《小丑鱼》。

扫码下载源文件

一、矢量图形的构成

Flash 软件中绘制的图形是矢量图形,主要包括两个部分:线条和色块。在 Flash 中进行绘画主要分为三个步骤。

(1) 绘制出物体的外形轮廓,并将矢量线条进行封闭,如图 1.2.1(a)所示。

(2) 在封闭的线条区域内填充纯色或渐变色,如图 1.2.1(b)所示。

(3) 使用相应的辅助工具进行调整和修饰,如渐变色调整。

　　　　　　　(a)　　　　　　　　　　　　　　　(b)

图 1.2.1

此外,Flash 软件中可以使用其他软件创作的矢量格式的图形,如".ai"格式。执行"文件"→"导入"命令,可以将矢量格式的图形素材导入到 Flash 作品中,还可以在 Flash 软件中编辑修改,如删除无关的画面元素,如图 1.2.2 所示。

　　　　　(a)　　　　　　　　　　　　　　　　　(b)

图 1.2.2

在同一个图层中,矢量的色块或线条重叠时,会发生融合和切割的现象,充分利用这一特性,会给绘图带来很多便利,例如,利用形状相减的方法绘制的笑脸,利用形状相加的方法绘制的白云,如图 1.2.3 所示。但是对于初学者而言,却往往因为这一特性而使得绘图结果难以调整和控制。因此良好的绘图习惯不容忽视,如将形状分别放置在不同的图层上,或者将绘图结果保存在元件中,以便进行管理,避免对象之间产生融合或切割。

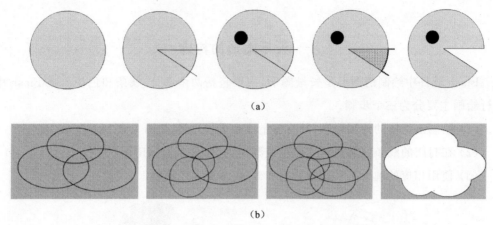

（a）

（b）

图 1.2.3

二、工　具　箱

在默认情况下，工具箱位于 Flash 软件窗口的左边，分为绘图工具、查看工具、颜色工具和选项栏 4 个部分。单击工具箱中的工具图标，选项栏会显示当前工具的具体可用设置项，例如，当前工具为"选择工具"，与它相对应的选项"贴紧至对象"就会出现在选项栏中，如图 1.2.4 所示。

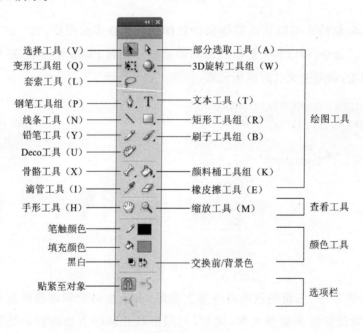

图 1.2.4

虽然 Flash 工具箱提供的工具很多，但是因为个人绘图习惯的不同，并非所有工具都会经常用到，牢记常用工具的用途及其快捷键会大大提高工作效率，如"选择工具"在对象的移动、缩放等过程中经常用到，其快捷键为"V"。

（一）线条工具

线条工具可以绘制各种长度和角度的直线,图 1.2.5(a)和图 1.2.5(b)所示的七巧板就是使用线条工具绘制的,然后使用颜料桶工具进行填充,最后使用任意变形工具进行旋转,组合成鱼和房子的形状,如图 1.2.5(c)和图 1.2.5(d)所示。

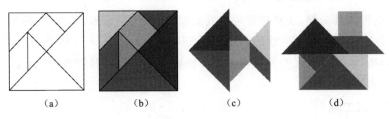

图 1.2.5

线条工具还可以用来绘制不规则形状的轮廓,然后通过选择工具将其调整为曲线,图 1.2.6 所示的树叶就是利用这种方法绘制而成的。

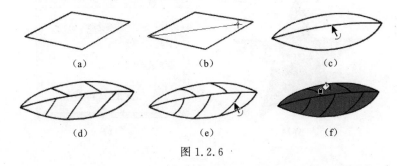

图 1.2.6

（二）矩形工具组

矩形工具组包括矩形工具、椭圆工具、基本矩形工具、基本椭圆工具和多角星形工具,可以创建比较规范的矢量图形。每种工具所创建的形状,都可以在属性面板中设置线条颜色、填充颜色、笔触大小、样式、缩放以及端点类型等,图 1.2.7 中所有的对象均可以使用矩形工具组创建。

图 1.2.7

1. 矩形工具与椭圆工具

以矩形工具为例,主要用于绘制矩形、正方形、圆角矩形和多边形的矢量色块或图形。绘制过程中,如果按住 Shift 键,则绘制正方形,如果按住 Alt 键,则绘制自中心放大的矩形,如果同时按住 Shift 和 Alt 键,则绘制自中心放大的正方形。

2. 基本矩形工具与基本椭圆工具

以基本矩形工具为例,功能与矩形工具类似,用于绘制矩形、正方形、圆角矩形和多边形。不同之处在于该工具所创建的对象不是"形状",而是"图元",如果想转化为"形状",需要执行"分离"命令。图元的外观能够在属性面板进行更改和调整,如设置"矩形边角半径"将其改变为圆角矩形。

3. 多角星形工具

通过在"工具设置"中设置样式和边数,可以绘制任意边数的多边形和多角星形,如图 1.2.8 所示。

(a)   (b)

图 1.2.8

(三)铅笔工具

铅笔工具用于绘制不规则的曲线或直线,图 1.2.9 所示的场景就是使用铅笔工具创作的。

图 1.2.9

　　铅笔有 3 种模式可供选择,如图 1.2.10 所示,模式决定曲线以何种方式模拟手绘的轨迹。

　　(1) 伸直:用直线模拟手绘的曲线轨迹,曲线的转折点非常尖锐,如图 1.2.11(a)所示。

　　(2) 平滑:绘制平滑的曲线,能够修饰绘图过程中因抖动等而造成的小瑕疵,如图 1.2.11(b)所示。

　　(3) 墨水:对绘制的线条不进行任何加工,如图 1.2.11(c)所示。

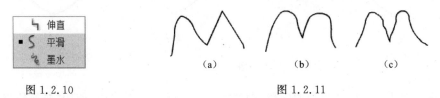

图 1.2.10　　　　　　　　　　　　　　　　图 1.2.11

(四) 钢笔工具组

　　钢笔工具组用于绘制精确、光滑的曲线,并可调整曲线曲率,此外,钢笔工具组中还有"添加锚点工具""删除锚点工具""转换锚点工具",来对曲线效果进行修饰和调整,如图 1.2.12 所示。图 1.2.13 所示的矢量人物插画效果就可以使用钢笔工具来创建。

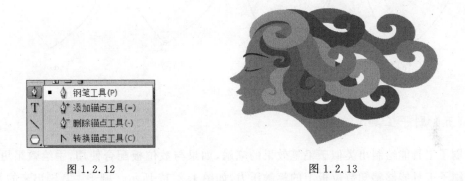

图 1.2.12　　　　　　　　　　　　　　　　图 1.2.13

　　选择"钢笔工具",在舞台上单击创建锚点,继续单击可创建直线段构成的形状,如图 1.2.14(a)所示;继续单击的同时拖住鼠标调整曲率,可创建由曲线构成的形状,如图 1.2.14(b)所示;多次单击后,再次单击第一个锚点,则创建闭合路径,如图 1.2.14(c)所示。

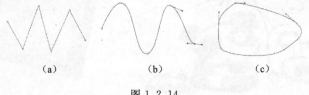

图 1.2.14

　　选择"添加锚点工具",在曲线上创建新锚点,从而更加精确地控制曲线的形状,相反,选择"删除锚点工具",在曲线上删除多余的锚点,过多的锚点会使曲线变得难以调整和控制,如图 1.2.15 所示。

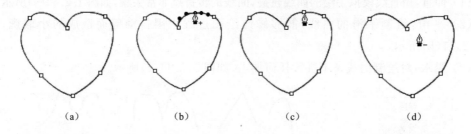

图 1.2.15

曲线中直线段可以转化为曲线段,曲线段也可以转化为直线段,使用"转换锚点工具"就可以实现。此外,"部分选取工具"能够改变锚点的位置,以及锚点上方向线的长度和斜率,从而改变曲线形状。操作方法如图 1.2.16 所示。

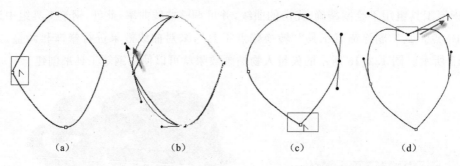

图 1.2.16

(五)刷子工具

刷子工具能绘制出类似于毛笔效果的笔触,如果与数位板配合使用,手绘效果更好,因为刷子工具能够感知数位板上的笔触压力,如图 1.2.17 所示。刷子工具刷出来的并不是真正的"线条",而是"色块",工具箱选项中可以设置刷子模式、刷子大小和形状等。

图 1.2.17

（六）颜料桶工具组

1. 颜料桶工具

颜料桶工具可以对形状对象进行填充,填充的内容既可以是纯色、渐变色,又可以是位图,如图 1.2.18 所示,具体填充样式取决于颜色面板的参数设置。用颜料桶工具填充颜色时,如果填充区域的线条没有封闭,则无法进行填充。遇到这种情况,可以在颜料桶工具的选项中进行设置,如"封闭中等空隙",实现对一些未完全封闭区域的填充,设置方法如图 1.2.19 所示。

纯色填充

渐变色填充

位图填充

图 1.2.18

图 1.2.19

2. 墨水瓶工具

墨水瓶工具用于以当前笔触方式对矢量图形进行描边,即改变矢量线段、曲线以及图形轮廓的属性,如颜色、粗细、虚实等;如果矢量对象为色块,可以通过墨水瓶工具来添加线条轮廓,效果如图 1.2.20 所示。

图 1.2.20

颜料桶工具和墨水瓶工具可以配合滴管工具一起使用。滴管工具可以复制当前对象的填充色块和线条属性,然后立即应用到其他对象中。

（七）变形工具组

1. 任意变形工具

任意变形工具是以对象的中心点为参照点,对图形进行缩放、扭曲、封套、旋转与倾斜,具体操作可以在工具箱的选项栏进行设置,如图 1.2.21 所示。

对于形状,上述四种操作均可以进行。但是对于元件和组,只能进行缩放、旋转与倾斜操作。任意变形工具的倾斜、旋转、扭曲以及封套操作效果如图 1.2.22 所示。

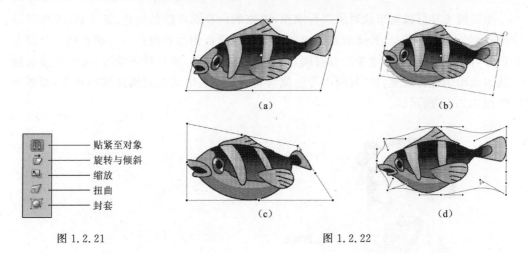

(a)   (b)

  贴紧至对象
  旋转与倾斜
  缩放
  扭曲
  封套

(c)   (d)

图 1.2.21   图 1.2.22

2. 渐变变形工具

渐变变形工具用于编辑渐变色填充的大小、方向、旋转角度与中心位置,分为线性渐变变形和放射状渐变变形两种变形模式,如图 1.2.23 所示。

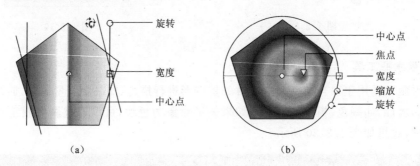

旋转
宽度
中心点

中心点
焦点
宽度
缩放
旋转

(a)   (b)

图 1.2.23

三、案例——甲壳虫

技术要点:主要应用了线条工具、椭圆工具、颜料桶工具、选择工具;在颜色面板中设置渐变色以及使用渐变变形工具调整渐变色;分层绘图避免了形状之间的切割和融合;将图形保存为元件便于多次复制应用。

(1)新建文件"甲壳虫"。在"插入"菜单中选择"新建元件",在弹出的对话框中设置名称为"甲壳虫",类型为"图形",如图 1.2.24 所示。

图 1.2.24

（2）在"甲壳虫"图形元件内部进行绘图,将图层 1 命名为"身体",选择"椭圆工具",同时按住 Shift 和 Alt 在舞台中心绘制正圆,如图 1.2.25 所示。

（3）使用"颜料桶工具"在颜色面板中设置放射状渐变色,颜色分别为红色 RGB (255,0,0)和黑色 RGB(0,0,0),自中心向外对圆形进行填充,如图 1.2.26 所示。

（4）使用"渐变变形工具"对填充颜色进行调整,如图 1.2.27 所示。

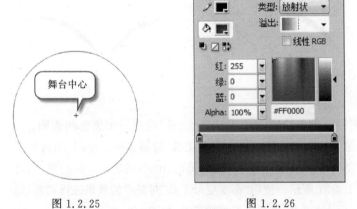

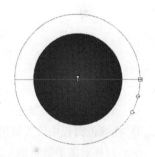

图 1.2.25　　　　　　　图 1.2.26　　　　　　　图 1.2.27

（5）使用"线条工具"在圆形的中上部绘制一条水平线,使用"选择工具"将水平线向下拉成弧形,使用"颜料桶工具",颜色为黑色,对中上部封闭图形进行填充,如图 1.2.28 所示。

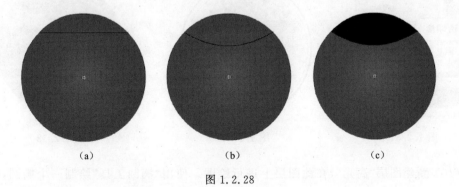

（a）　　　　　　　　　　（b）　　　　　　　　　　（c）

图 1.2.28

（6）同理,使用"线条工具"在黑色圆形中绘制两条直线,并使用"选择工具"将其转换为弧线,填充为线性渐变色,颜色分别为橙色 RGB(255,153,0)和红色 RGB(255,0,0),如图 1.2.29 所示。

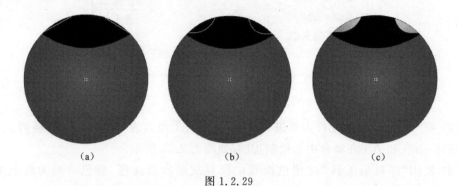

(a)　　　　　　　　(b)　　　　　　　　(c)

图 1.2.29

(7) 新建图层"触角",在此图层上进行绘图。使用"线条工具"绘制触角,并将触角复制为两个,执行"修改"→"变形"→"水平翻转"命令,形成两个对称的触角,如图 1.2.30 所示。

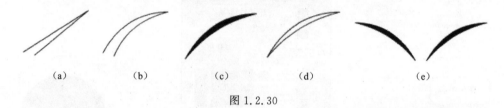

(a)　　　　　(b)　　　　　(c)　　　　　(d)　　　　　(e)

图 1.2.30

(8) 新建图层"头",在此图层上进行绘图。使用"椭圆工具"绘制一个黑色的椭圆。

(9) 新建图层"斑点",在此图层上进行绘图。使用"椭圆工具"绘制正圆。使用"颜料桶工具"在颜色面板中设置放射状渐变色,依次为透明度 100% 的黑色、100% 的黑色、0% 的黑色,自中心向外对圆形进行填充,如图 1.2.31 所示。使用"渐变变形工具"对斑点的效果进行调整,如图 1.2.32 所示,并复制 7 个大小不同的斑点,放到甲壳虫的身上,如图 1.2.33 所示。

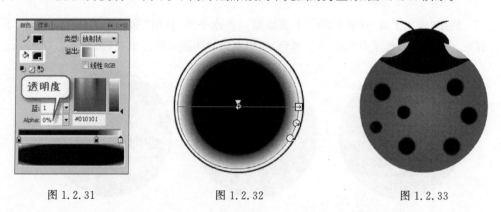

图 1.2.31　　　　　　　图 1.2.32　　　　　　　图 1.2.33

(10) 新建图层"高光",在此图层上进行绘图。使用"椭圆工具"绘制一个椭圆,使用"颜料桶工具"在颜色面板中设置放射状渐变色,依次为透明度 90% 的白色、70% 的白色和 0% 的白色,自中心向外对椭圆进行填充,如图 1.2.34 所示。使用"渐变变形工具"对高光的位置、大小和旋转方向进行调整,如图 1.2.35 所示。

图 1.2.34

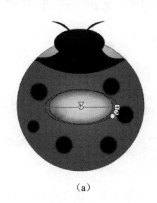

(a)

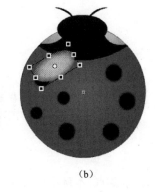

(b)

图 1.2.35

(11) 在"身体"图层上,使用"线条工具"绘制翅膀分割线,填充为暗红色,如图 1.2.36 所示。选中"身体"图层中所有的黑色线条,按 Delete 键删除,并调整图层顺序,图层结构 如图 1.2.37 所示。

图 1.2.36

图 1.2.37

(12) 回到场景 1,打开"库"面板,将"甲壳虫"元件拖放到场景 1 的舞台上,如图 1.2.38 所示。再拖放两次"甲壳虫"元件到舞台上。使用"任意变形工具"对甲壳虫的大小和旋转 方向进行调整,如图 1.2.39 所示。至此,完成了甲壳虫的绘制过程,按快捷键 Ctrl+ Enter 可以测试运行效果。

图 1.2.38

图 1.2.39

四、案例——小丑鱼

技术要点：本例主要应用了钢笔工具、部分选取工具、线条工具、颜料桶工具；在颜色面板中设置了渐变色，并使用渐变变形工具调整渐变色；分层绘图避免了形状之间的切割和融合；将图形保存为元件便于多次复制应用。

（1）新建 Flash 文件，文件大小为 550×400 像素，保存为"小丑鱼. fla"。

（2）在"插入"菜单中选择"新建元件"，在弹出的对话框中设置名称为"小丑鱼"，类型为"图形"。

（3）在"小丑鱼"图形元件内部进行绘图，将图层 1 的名称修改为"身体"，身体的绘制过程如图 1.2.40 所示。

① 使用"钢笔工具"绘制鱼的身体轮廓，使用"部分选取工具"调整线条的平滑度和节点的位置，更加精确地控制轮廓的形状；在绘制嘴巴的过程中，使用"转换锚点工具"将平滑节点转化为角点，对嘴巴形状进行调整。锚点的数量过多和过少，都不利于形状的调整，可以使用"添加锚点工具""删除锚点工具"来控制锚点的数量。

② 使用"钢笔工具"在鱼的身体上绘制 5 条弧线，作为鱼身纹理的分割线。使用"钢笔工具"绘制非封闭线条，需要在绘制最后一个节点时按住 Ctrl 键。

③ 使用"钢笔工具"绘制鱼鳍和鱼尾的形状，同理，使用"部分选取工具"调整线条的平滑度和节点的位置，使用"转换锚点工具"来进行平滑点和角点之间的转换。最后，在鱼鳍和鱼尾内部绘制多条直线作为纹理。

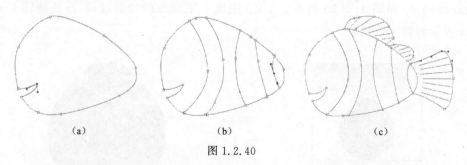

（a）　　　　　　　　　　（b）　　　　　　　　　　（c）

图 1.2.40

（4）新建图层"眼睛"，绘制过程如下。

① 选择"颜料桶工具"，在颜色面板中设置"黑-黑-灰"的径向渐变色，如图 1.2.41 所示。

② 使用"钢笔工具"绘制眼睛形状，利用上述渐变色对眼睛形状进行填充。

③ 使用"椭圆工具"在瞳孔位置绘制一个白色的正圆,过程如图 1.2.42 所示。

图 1.2.41

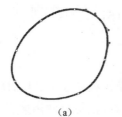 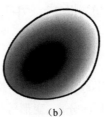 

(a)　　　　　　　　(b)　　　　　　　　(c)

图 1.2.42

(5) 新建图层"鱼翅",使用"钢笔工具"绘制鱼翅的轮廓,并在鱼翅内部绘制多条直线,作为鱼翅上的纹理,如图 1.2.43 所示。

(6) 使用"颜料桶工具",设置 RGB 值为(255,153,0)的橙色和白色,对鱼身、鱼鳍、鱼尾和鱼翅进行填充,效果如图 1.2.44 所示。

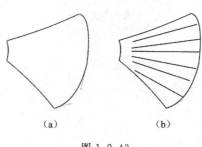

(a)　　　　　　(b)

图 1.2.43

图 1.2.44

(7) 回到"场景 1"的舞台上,打开"库"面板,将库中"小丑鱼"元件拖放到舞台上,按快捷键 Ctrl+Enter 可以测试运行效果。

知识回顾

1. 请完成以下问题。

(1) 使用颜料桶工具对形状进行填充时,在颜色面板中有 5 种模式可以选择,如无填充、_____、_____、_____和位图填充。

(2) 铅笔工具的选项栏有 3 种模式,分别为_____、_____和_____。

(3) 任意变形工具可以实现的操作有_____、_____、_____等。

(4) 吸管工具的用途有_____、_____。

(5) 使用文本工具可以创建静态文本、_____、_____。

(6) 部分选取工具用途是_____。

2. 在绘图过程中,形状之间很容易产生融合和切割,为了避免这种情况有哪些方法可以使用?

实训三　Flash 绘图制作基础

学习目标

(1) 了解 Flash 图层的基本操作和洋葱皮工具的用途。

(2) 理解组合、分离、变形等操作的原理和用途。

(3) 能够熟练运用 Flash 绘图工具绘制《喜羊羊》。

(4) 能够熟练运用 Flash 绘图工具绘制《卡通小猪》。

扫码下载源文件

一、时间轴面板

（一）图层功能

Flash 图层主要有两大功能。第一个功能是绘图管理,舞台上的每个对象都有相对应的图层;在当前图层上绘制和编辑对象,不会影响其他图层上的对象;可以通过改变图层的叠放顺序来改变对象的显示次序,如图 1.3.1(a)所示。第二个功能是动画创建和播放,图层是时间轴的组成部分,时间轴是用来创建、编辑和运行动画的,所以图层能够进行动画管理,如图 1.3.1(b)所示。

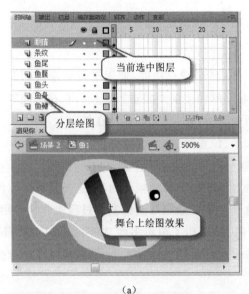
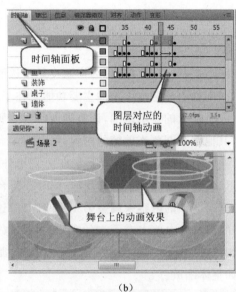

（a）　　　　　　　　　　　　（b）

图 1.3.1

图层的基本操作如下。

（1）新建图层:单击时间轴面板左下角第 1 个按钮,就可以在当前图层的上面添加一个图层。

（2）选择图层:单击图层或者图层上的帧或对象,该图层就处于选中状态。

（3）删除图层:单击时间轴面板左下角第 3 个按钮,可以将当前选中的图层删除。

（4）移动图层:选中图层,向上或向下拖动到合适位置即可,通过改变图层的叠放顺序,从而改变对象的显示效果。

（5）重命名图层:双击图层或图层文件夹的名称,输入新名称即可。

（6）新建文件夹:单击时间轴面板左下角第 2 个按钮,就可以在当前图层的上面新建一个文件夹,拖动其他图层到这个文件夹的右下方,就实现了利用文件夹来管理图层的功能。如图 1.3.2 所示,"文字"文件夹处于展开状态,而"背景"文件夹处于折叠状态。

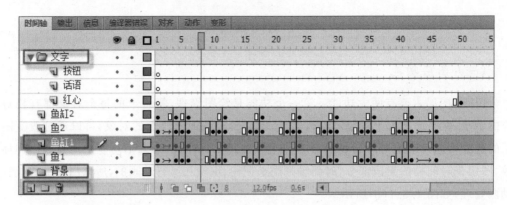

图 1.3.2

（二）洋葱皮功能

洋葱皮是一个比喻，因为洋葱皮是半透明的，具有透视功能，便于进行对象之间的比较。时间轴上洋葱皮工具的主要功能就在于对不同帧上的对象进行比较。它在时间轴上设置一个连续的显示范围，该范围内所有帧所包含的内容会同时显示在舞台上，便于用户参考其他帧来调整当前帧的内容，如对象的大小、位置等。

在时间轴窗口中单击右下方的"绘图纸外观"按钮，即启动了洋葱皮功能，从图 1.3.3(a)中可以看到当前选择帧为第 4 帧，同时在舞台上也能看到第 3 帧的内容，这样就可以方便地根据第 3 帧的内容来调整第 4 帧的内容，这个功能在绘画与动画制作过程中非常实用。在时间轴窗口中单击右下方的"编辑多帧"按钮，即启动了编辑多帧功能，如图 1.3.3(b)所示，舞台上同时显示了第 1～8 帧的内容，那么就可以同时针对第 1～8 帧的内容进行操作，如整体缩放。

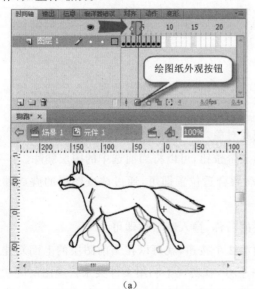

（a）

（b）

图 1.3.3

二、对象的组合、分离和变形

（一）组合与取消组合功能

由于 Flash 绘制的矢量图形之间具有切割和融合功能，有时候会给绘图过程造成很大的干扰，不便于后期修改和编辑。为了避免这种情况的出现，可以使用"组合"命令将若干个对象组合在一起而不改变它们的属性，反之，也可以通过"取消组合"命令将组合的对象进行拆分，如图 1.3.4 所示。

（1）组合：执行"修改"→"组合"命令，快捷键为 Ctrl＋G。

（2）取消组合：执行"修改"→"取消组合"命令，快捷键为 Ctrl＋Shift＋G。

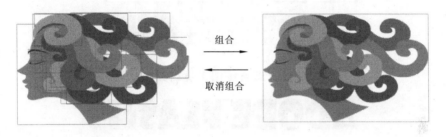

图 1.3.4

用户可以对组进行编辑，也可以单独对组中的某个对象进行编辑。具体操作方法是双击进入该组，舞台上属于该组的元素都可以进行编辑，如改变颜色或形状，而不属于该组的元素将变灰，表明它是不可以访问和编辑的，如图 1.3.5 所示。如果想对灰色部分进行编辑，双击空白处或单击上一级组图标，退出当前组以后再进入其他组才可以进行编辑。

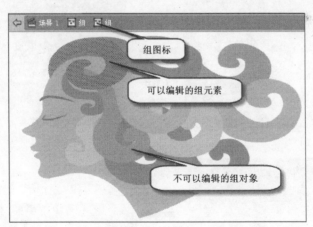

图 1.3.5

（二）分离对象功能

组、实例、位图和文字，都可以进行分离，执行多次"分离"命令以后，就转化为形状。

具体操作过程是,选中要分离的对象,执行"修改"→"分离"命令,或按快捷键 Ctrl＋B,即可将选中的对象进行分离,分离操作是不可逆操作。

　　图 1.3.6 是对文本对象执行两次分离的结果,静态文本对象编辑好以后,为避免其他计算机字体安装不全而导致文字无法正常显示,可以将文字分离为形状。此外,将文字分离以后,可以进行描边、渐变填充、位图填充等操作,使文字样式更加丰富多彩。

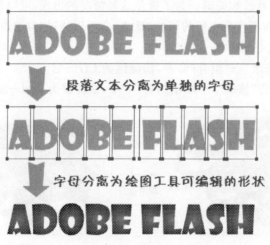

图 1.3.6

　　图 1.3.7(a)是位图分离为形状的结果。因为形状之间可以互相切割和融合,所以在分离后的位图上绘制两个矩形,再将矩形删除,利用形状切割来实现裁切位图的结果,如图 1.3.7(b)所示。将位图进行分离并裁切,不仅实现了截图功能,还可以缩小文件的体积。

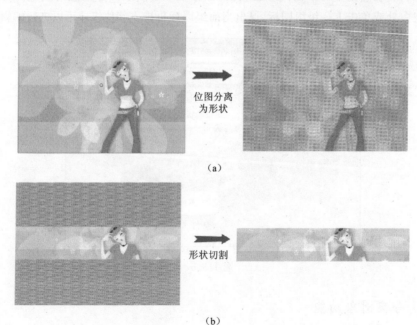

图 1.3.7

（三）对象的变形功能

关于对象变形，有很多种操作方法。可以使用"任意变形工具"对对象进行缩放、旋转、扭曲和封套等变形操作；可以使用"修改"菜单中的"变形"子菜单进行对象的水平和垂直翻转，如图 1.3.8(a)所示；还可以使用"变形"面板来实现非常精确的变形操作，如图 1.3.8(b)所示。

(a)　　　　　　　　　　　(b)

图 1.3.8

使用"变形"面板对对象进行缩放、旋转和倾斜等变形操作，可以达到精确变形的目的，还可以按照变形的规则来复制对象。图 1.3.9 是利用图 1.3.8(b)中的参数进行变形的过程和结果，每个新复制出来的图形的大小都是前一个图形的 98％，并在前一个图形的基础上顺时针旋转 10°。因为变形是以形状的中心点为坐标进行应用变形的，所以在变形之前，应该调整好形状的中心点。

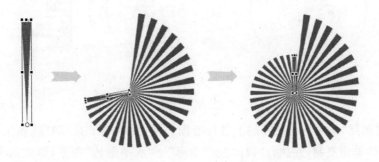

图 1.3.9

三、案例——喜羊羊

技术要点:本例除了应用线条工具、椭圆工具、颜料桶工具,主要应用了铅笔工具,并对铅笔工具绘制的线条进行优化和调整;此外,还通过添加辅助线的方法绘制了"阴影"部分,使形象的立体感更强。

(1) 新建文件,文件大小为 550×400 像素,保存为"喜羊羊.fla"。在"插入"菜单中选择"新建元件",在弹出的对话框中设置名称为"喜羊羊",类型为"图形"。

(2) 在"喜羊羊"元件内部进行绘图,将图层 1 命名为"脸",绘制以下内容,如图 1.3.10 所示。

① 绘制一个椭圆,作为喜羊羊的脸。

② 新建图层"眼睛眉毛"。使用"椭圆工具"绘制眼睛,使用"线条工具"绘制眉毛。

③ 新建图层"鼻子"。使用"椭圆工具"绘制鼻子。

④ 新建图层"嘴巴"。使用"铅笔工具"绘制嘴巴,如果线条不流畅,可以使用"选择工具"选中线条,然后选择"平滑"选项来修饰线条。

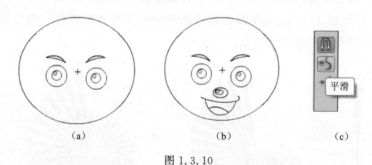

(a)　　　　　　　　　(b)　　　　　　　(c)

图 1.3.10

(3) 新建图层"羊角",在此图层上进行绘图。使用"铅笔工具"和"线条工具"绘制羊角,将绘制好的羊角复制,并执行"修改"→"变形"→"水平翻转"命令,形成两个对称的羊角,如图 1.3.11 所示。

(4) 新建图层"耳朵",在此图层上进行绘图。使用"铅笔工具"绘制耳朵,选择"平滑"选项来修饰线条,然后将绘制好的耳朵复制并水平翻转,形成两个对称的耳朵,如图 1.3.12 所示。

图 1.3.11　　　　　　　　　　　　　　　图 1.3.12

（5）新建图层"卷发"，在此图层上进行绘图。这一部分内容的绘制是最有难度的。使用"铅笔工具"进行绘制，线条之间不必闭合，以便调整，如图 1.3.13（a）所示；使用"选择工具"选中所有线条，然后选择"平滑"选项来修饰线条，如图 1.3.13（b）所示；使用"选择工具"拖动每一个曲线段的端点，使其闭合，如图 1.3.13（c）所示，注意需要选择"选择工具"的"贴紧至对象"选项。

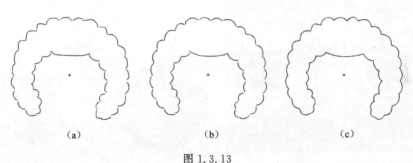

　（a）　　　　　　　　　　（b）　　　　　　　　　　（c）

图 1.3.13

（6）新建图层"刘海"，在此图层上进行绘图。使用"铅笔工具"绘制刘海，并将绘制好的线条进行适度的平滑，如图 1.3.14 所示。

（7）新建图层"铃铛"，在此图层上进行绘图。使用"椭圆工具"和"铅笔工具"绘制铃铛。将"铃铛"图层调整到最下面，如图 1.3.15 和图 1.3.16 所示。

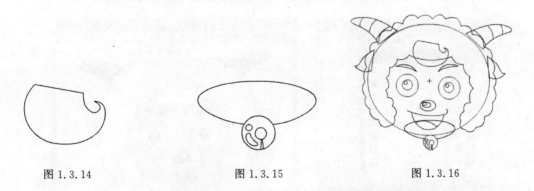

图 1.3.14　　　　　　　　　图 1.3.15　　　　　　　　　图 1.3.16

（8）使用"铅笔工具"，设置笔触颜色为绿色，分别在喜羊羊"脸""卷发""羊角""刘海""耳朵"图层上画出明暗交界线，分出层次，表现出形象的立体感，如图 1.3.17 所示。本步骤通过复制原有"卷发"的形状，适度缩放、平移以后形成明暗交界线，精简了使用"铅笔工具"绘制诸多曲线的过程。

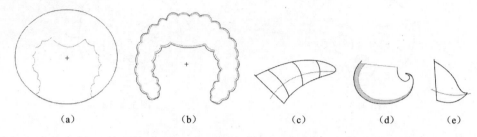

(a)　　　　　　(b)　　　　　　(c)　　　　　　(d)　　　　　　(e)

图 1.3.17

(9) 使用"颜料桶工具",在颜色面板中设置相应的颜色进行填充。例如,肤色建议使用 RGB(254,220,188),较暗的肤色可以在此基础上通过降低亮度来选取,如图 1.3.18 所示。其他颜色的填充,原理类似。

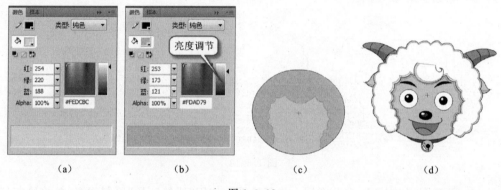

(a)　　　　　　　(b)　　　　　　　(c)　　　　　　　(d)

图 1.3.18

(10) 使用"选择工具"选中绿色的辅助线,按 Delete 键删除,喜羊羊的绘图过程就完成了。回到"场景 1"的舞台上,打开"库"面板,将库中"喜羊羊"元件拖放到舞台,按快捷键 Ctrl＋Enter 可以测试动画效果,至此,完成喜羊羊的绘制过程,如图 1.3.19 所示。

(a)　　　　　　　　　　　　　(b)

图 1.3.19

四、案例——卡通小猪

技术要点:本例主要应用了刷子工具来绘制形象的轮廓,并通过添加辅助线的方法添加了"高光"和"阴影"部分,使形象的立体感更强。应用刷子工具来绘制草稿,更加符合传统手绘的习惯和技法。

(1)新建文件"卡通小猪",在"插入"菜单中选择"新建元件",在弹出的对话框中设置名称为"小猪",类型为"图形"。

(2)将图层1命名为"草稿",使用"刷子工具"绘制小猪的基本轮廓,注意身体比例。在基本轮廓的基础上添加五官、四肢、服饰等细节,如图1.3.20所示。

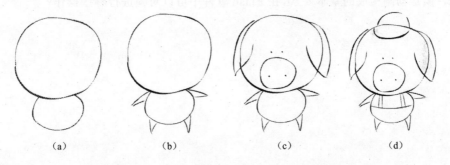

(a)　　　　　　(b)　　　　　　(c)　　　　　　(d)

图 1.3.20

(3)新建图层"小猪",在此图层上进行绘图。参照"草稿"图层的轮廓线,使用"刷子工具"进行细描,并封闭填色区域,设置颜色 RGB(255,204,204),选择"颜料桶工具"对小猪的身体进行填色。同理,设置其他颜色填充小猪的帽子和衣服,如图1.3.21所示。

(4)使用"铅笔工具"设置笔触颜色为绿色,分别在帽子、头、身体以及服饰部位画出明暗交界线,分出层次,表现出形象的立体感。注意保证绿色的线条与其他线条或色块形成封闭区域,否则无法填充颜色。

(5)重新填充"阴影"部分的颜色,亮度要低于原帽子、头、身体以及服饰等部位的颜色,如 RGB(255,187,187)。"高光"部分可以使用"刷子工具",设置比脸色更亮的颜色,在耳朵、鼻子和脸上稍作涂抹即可。最后,删除绿色的辅助线,删除"草稿"图层,如图 1.3.22 所示。

（6）至此,完成卡通小猪的绘制过程,按快捷键 Ctrl+Enter 可以测试运行效果。

　　　（a）　　　　　　　　（b）　　　　　　　　（a）　　　　　　　　（b）

　　　　　图 1.3.21　　　　　　　　　　　　　　图 1.3.22

知识回顾

1. 请完成以下问题。

（1）在 Flash 中,可以创建_____、_____和_____类型的元件。

（2）插入关键帧的快捷键是_____,插入普通帧的快捷键是_____。

（3）Flash 文件保存的快捷键是_____,测试文件的快捷键是_____。

（4）洋葱皮工具包括绘图纸外观、_____、_____和修改标记。

2. 帧是动画构成的基本要素,在 Flash 软件中可以对帧进行哪些操作?

实训四　Flash 动画场景绘图制作基础

学习目标

(1) 了解颜色和色彩构成的基础知识。

(2) 理解组、绘制对象和元件的区别。

(3) 了解元件的创建方法和属性设置。

(4) 能够灵活运用 Flash 绘图工具绘制《圣诞贺卡》和《咏梅》场景。

扫码下载源文件

一、颜色构成的基础知识

（一）色光与补色

与传统绘画不同，Flash 课件作品在计算机屏幕上进行呈现，肉眼所看到的任何一种颜色都是由红、绿、蓝三种颜色构成的，这三种颜色称为色光三原色。

每种色光三原色都有补色，凡两种色光相加呈白光，这两种色光就互为补色。如红色的补色为青色，绿色的补色为品红色，蓝色的补色为黄色。了解基本色及其补色，可在绘图过程中快速地选出所需要的颜色，以及搭配出和谐、生动的色彩，如图 1.4.1 所示。

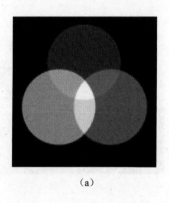
(a)

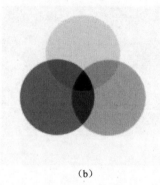
(b)

图 1.4.1

（二）色彩三要素

色彩可用色相、饱和度和明度（也称为亮度）来描述。人眼看到的任一彩色光都是这三个特性的综合效果，这三个特性即色彩的三要素，如图 1.4.2 所示。

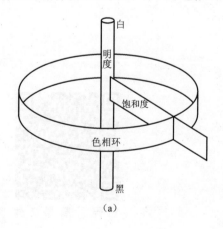
(a)

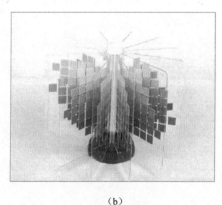
(b)

图 1.4.2

（1）色相，色彩的首要特征，是区别各种不同色彩的最准确的标准，如红、黄、蓝、绿等色相。

（2）饱和度，饱和度为零，看不到色彩，饱和度为100％，该色彩最浓，饱和度也称为纯度。

（3）明度，即光照强度，拿一张彩色的纸，在不同光强度的环境中，可以看到纸的明暗变化，从色彩最纯，至完全黑暗，这种变化就是明度对颜色的影响。

（三）色彩模式

1. RGB 模式

RGB 模式是一种基于显示器原理形成的色彩模式，也即色光的彩色模式，它是一种加色模式，由 R 红色、G 绿色、B 蓝色三种颜色叠加形成其他色彩。由于每一种色彩都有 256 个亮度水平级，即 0～255，如图 1.4.3 所示，所以可以表达的色彩就是 $256\times256\times256＝16777216$ 种。如图 1.4.4 所示，红色的 RGB 值为（255,0,0），青色的 RGB 值为（0,255,255），白色的 RGB 值为（255,255,255）。

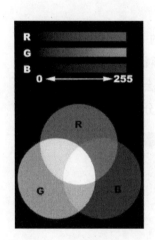

图 1.4.3

（a）　　　　　（b）　　　　　（c）

图 1.4.4

2. HSB 模式

HSB 模式不基于任何显示方式和输出设备的原理，是一种非常有用的模式，是最常用的选择色彩的方式。H 代表色相，即可以选择的色彩；S 代表饱和度，即选中色彩的浓和淡；B 代表明度，即选定色彩的明暗程度。图 1.4.5 依次为：饱和度和明度均为 100％ 的绿色，饱和度为 100％、明度为 50％ 的绿色（深绿色），饱和度为 50％、明度为 100％ 的绿色（浅绿色），饱和度和明度均为 0％ 的绿色（黑色）。

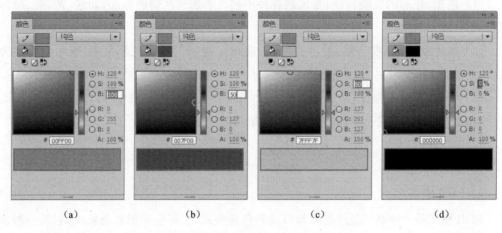

（a）　　　　　　（b）　　　　　　（c）　　　　　　（d）

图 1.4.5

二、组、绘制对象与元件

（一）组

将绘制的形状选中，执行"修改"→"组合"命令，即可将绘制好的一个或多个图形组成一个整体，反之执行"修改"→"取消组合"命令即可把组还原为普通形状。双击进入组的内部可以对形状进行编辑。组与组之间是层次关系，在同一图层上也不会互相干扰，如雪人的帽子是由两个部分构成的，单独编辑其中的一部分并不会影响其他部分，如图 1.4.6 所示。

（a）　　　　　　　　　　（b）

图 1.4.6

组只能存在于舞台上，如果将舞台上的组删除，则组内图形也被永久删除。在绘图过程中，不需要做成动画效果或是一些不重要的形状，适合采用组的形式来存放。

（二）绘制对象

绘制对象的功能和组的性质类似，只是制作的过程不同，属性也略有不同。当选择钢笔、铅笔、直线、矩形、刷子等工具时，在工具箱的下方会出现"对象绘制"选项，如图 1.4.7 所示，选择这个选项，在舞台绘制的形状会自动生成一个"绘制对象"，以避免绘图过程中与其他图形之间产生干扰，如图 1.4.8 所示。执行"修改"→"取消组合"命令，则绘制对象转化为普通形状。多次使用绘制对象功能绘制的图形，虽然看上去像封闭图形，但是彼此之间只是重叠而不是真正合并为一体，所以无法填充颜色，如图 1.4.9 所示。

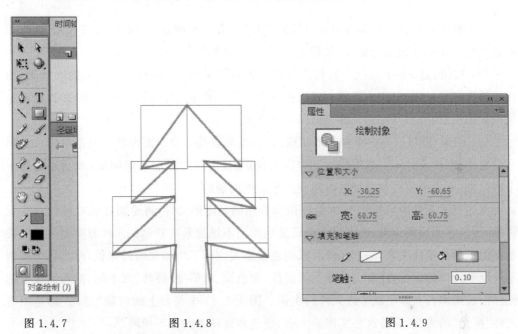

图 1.4.7　　　　　　　　　　图 1.4.8　　　　　　　　　　图 1.4.9

与组不同，如果需要修改形状，无须单击进入绘制对象内部，可直接在绘制对象上进行修改；此外，组之间可以存在嵌套关系，但是绘制对象内部只能包含形状，而不能再嵌套其他绘制对象，否则自动转换为组。通常情况下，绘制对象是为了防止绘图工具绘制的形状与原有图形之间产生干扰而暂时存放形状。

（三）元件

与组和绘制对象相比，元件更像是动态的"容器"，声音、图像、形状、组、绘制对象甚至动画都可以包括进来，元件均保存在库面板中。如果把一个完整的 Flash 动画作品比喻成高楼大厦，那么元件就是构成高楼大厦的一砖一瓦、一屋一室。创建元件的方法有很多种，可以执行"插入"→"新建元件"命令来建立元件，也可以选中舞台中已经存在的对象，右击执行"转换为元件"命令。

Flash 中基本类型的元件有三种：影片剪辑、按钮和图形，如图 1.4.10 所示。

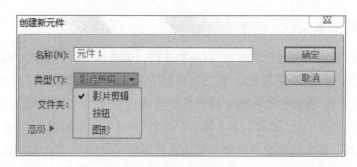

图 1.4.10

（1）影片剪辑：Flash 动画中最重要的元件，拥有完全独立的时间轴和影片特性，可以把它当作一个独立成型的影片，被称为"电影中的电影"。

（2）按钮：是 Flash 动画中实现交互功能的重要元件，没有真正意义上的时间轴，按钮元件有四种状态，分别为弹起、指针、按下和点击。在 Flash 高版本软件中，影片剪辑也可以添加交互功能，与按钮元件之间的区别不大。

（3）图形：既可以是一个静态形状或图像，也可以是一段动画内容。但是与影片剪辑元件相比，图形元件不可以添加交互内容和音乐，没有自己独立的时间轴，和场景共用一个时间轴，所以播放过程受场景时间轴播放进度的制约。

上述三种元件中，对于 Flash 绘图最为有用的是图形元件，将绘制好的对象保存在元件中，不仅方便后期编辑，还可以多次反复利用而不增加系统开销。元件与实例之间的关系类似于母与子的关系，一个元件可以创建很多实例而不增加动画的体积，而且每个实例不仅继承元件的属性，还有自己独立的属性，如色调、透明度、旋转、大小等，把库面板中的元件拖放到舞台上即生成了该元件的实例。图 1.4.11 中舞台上的每颗"星光"都是图形元件"星光"的实例，但是这些实例的大小、颜色和旋转方向都不相同。

图 1.4.11

三、案例——圣诞贺卡

作品简介:闪光的星星、茫茫的大雪、笔直的松树、戴着圣诞帽的雪人,在蓝色天幕的映衬下,充满了安静而神秘的色彩。本例重点是色彩属性的感知以及颜色面板的使用,在绘图过程中综合运用了钢笔工具、线条工具、椭圆工具、矩形工具等。

（一）天空的绘制

（1）新建一个文件,大小为 590×300 像素。

（2）将图层 1 命名为"天空",使用"矩形工具"绘制和舞台大小一致的矩形,填充渐变色,从下向上颜色的 RGB 值依次为(2,148,244)、(5,80,190)、(0,0,51),如图 1.4.12所示。

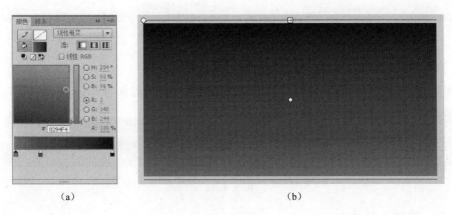

(a)　　　　　　　　　　　　　(b)

图 1.4.12

（二）地面的绘制

（1）新建图形元件"地面"。进入"地面"元件内部,分别命名图层为"地面 1""地面 2""地面 3""地面 4"。以"地面 1"图层为例,使用"钢笔工具"绘制 S 型起伏的地面,在右上角转

弯的地方,单击的同时按住 Alt 键,即可将平滑节点转化为角点,如图 1.4.13 所示。

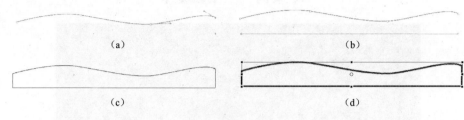

图 1.4.13

(2)填充渐变色,从上向下颜色 RGB 值依次为(137,208,254)和(0,153,255),根据颜色的数值可以看出,两种颜色的成分中都是蓝色最多,绿色其次,红色最少,所以这两种颜色都是介于真正的"蓝色"和"青色"之间的颜色,如图 1.4.14 所示。

图 1.4.14

(3)依次类推,"地面 2""地面 3""地面 4"的绘制过程不再赘述。每层地面的起伏要稍有错位,以增加画面的层次感和空间感。此外,由远及近,地面的颜色亮度越来越高,即颜色的 R、G、B 值越来越大,越来越接近于白色,如图 1.4.15 所示。

图 1.4.15

(4)最后四个地面按照由远及近、由深及浅的顺序排列起来,如图 1.4.16 所示。

图 1.4.16

(三)松树的绘制

(1)新建图形元件"松树"。进入"松树"元件内部,分别命名图层为"阴影"和"树"。

(2)在"树"图层上,使用"线条工具"绘制松树的形状,并进行细节的调整。

(3)设置线性渐变色,RGB 值分别为(255,255,255)、(0,153,255)、(2,91,151),从上向下对松树进行填充,删除黑色轮廓线,如图 1.4.17 所示。

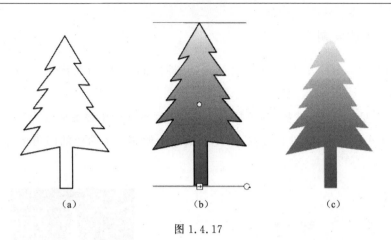

（a）　　　　　　　　（b）　　　　　　　　（c）

图 1.4.17

（4）在"阴影"图层上，使用"椭圆工具"绘制一个扁扁的椭圆，如图 1.4.18 所示。

（5）设置径向渐变色，RGB 值分别为 38% 透明度的（2，118，193）和 0% 透明度的（2，91，151），自中心向外对椭圆进行填充，如图 1.4.19 所示。

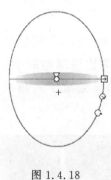

图 1.4.18　　　　　　　　　　　图 1.4.19

（6）最后，"树"和"阴影"构成了一个完整的"松树"元件，储存在库面板中，如图 1.4.20 所示。

（7）回到场景 1，新建图层并命名为"松树"。将库面板中的松树元件拖放到舞台上，按照近大远小的透视规律，将远处松树的尺寸设置小一些，如图 1.4.21 所示。

图 1.4.20　　　　　　　　　　　图 1.4.21

（四）星光的绘制

（1）新建图形元件"星光"。进入"星光"元件内部,分别命名图层为"白星""蓝星""光芒"。

（2）在"白星"图层上,选择"多角星形工具",在属性面板中设置样式为"星形",边数为4,星形顶点大小为0.20,如图1.4.22所示,在舞台上绘制一个白色的四角星,如图1.4.23所示。

图1.4.22　　　　　　　　　　　　图1.4.23

（3）将这个四角星复制,同时按住 Ctrl＋Shift＋V 键,在原来的位置上粘贴一个同样的星形;选择"任意变形工具",按住 Shift＋Alt 键,等比例原地缩小白色星形;按住 Shift 键,将白色星形旋转 45°,如图1.4.24所示;四角星变成了八角星,如图1.4.25所示。

图1.4.24　　　　　　　　　　　　图1.4.25

（4）复制白色八角星,在"蓝星"图层上,同时按住 Ctrl＋Shift＋V 键,在同样的位置上粘贴一个白色八角星;选中这个白色八角星,按住 Shift＋Alt 键,等比例原地放大白色八角星。

（5）在"蓝星"图层上,设置径向渐变色,RGB 值分别为 70％透明度的(0,153,255)和 0％透明度的(0,153,255),将白色八角星填充为蓝色渐变的八角星,如图1.4.26所示。

（6）在"光芒"图层上,绘制一个无边框的圆形;设置径向渐变色,50％透明度的白色

 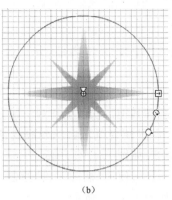 

　　　（a）　　　　　　　　（b）　　　　　　　　（c）

图 1.4.26

和 0% 透明度的白色,对图形进行填充,如图 1.4.27 所示。

　　（7）调整图层顺序,从上向下,依次为"白星""蓝星""光芒",三个图层整合为一个完整的"星光"元件,如图 1.4.28 所示。

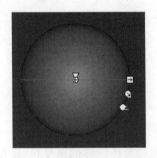 

图 1.4.27　　　　　　　　　　　　　　　图 1.4.28

　　（8）回到场景 1,新建图层并命名为"星光"。将库面板中的星光元件拖放到舞台上,按照近大远小的透视规律,将近处的星光设置大一些,远处的星光尺寸设置小一些。选择舞台上的星光实例,按住 Ctrl 键的同时,使用"选择工具"进行拖动,可以进行快速的复制,如图 1.4.29 所示。

图 1.4.29

（五）雪人的绘制

（1）新建影片元件"雪人"。进入"雪人"元件内部,分别命名图层为"帽子""眼睛" "头""围巾""身体""阴影"。

（2）在"身体"图层上,选择"椭圆工具",并选择工具栏底部的"对象绘制",绘制一个 圆形,该圆形会变成一个组合,即不会和其他形状产生切割与融合,如图 1.4.30 所示。

（3）双击进入绘制对象的内部,设置渐变色为白色到浅蓝色 RGB(163,218,254)的 径向渐变,并以右上角为中心进行填充,如图 1.4.31 所示。

（4）退出绘制对象,返回到雪人元件,使用"椭圆工具"绘制三个黑色的圆形,作为雪 人身上的纽扣,雪人身体绘制完毕,如图 1.4.32 所示。

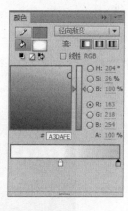
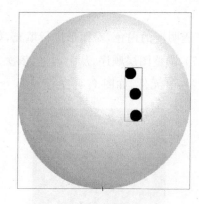

图 1.4.30   图 1.4.31   图 1.4.32

（5）在"头"图层上,绘制一个圆形的绘制对象,填充和身体一样的渐变色,使用"渐变变 形工具"调整渐变色的中心点和范围。

（6）使用"椭圆工具"在雪人脸上绘制四个椭圆形绘制对象,作为雪人的嘴巴,如图 1.4.33 所示。

（7）设置从 RGB(255,102,0)到 RGB(255,204,0)的线性渐变色,即橙红色到橙黄色 的渐变,绘制并填充雪人的胡萝卜鼻子;鼻子的阴影绘制和填充方法相同。至此,雪人的 头绘制完毕,如图 1.4.34～图 1.4.36 所示。

图 1.4.33   图 1.4.34

图 1.4.35　　　　　　　　　　图 1.4.36

(8) 接下来制作雪人眨眼的逐帧动画。新建影片剪辑元件,命名为"雪人眨眼",在第 1 帧绘制一个圆形的绘制对象,在第 120 帧、125 帧建立关键帧;选择第 125 帧的运行,使用"任意变形工具"将其压扁。

(9) 选择第 120 帧,右击,选择"复制帧",在第 130 帧处右击,选择"粘贴帧",则将第 120 帧处睁眼状态复制到了第 130 帧;同理,通过复制帧的方式,将第 125 帧处闭眼状态粘贴到第 135 帧,如图 1.4.37 所示;其他关键帧的制作方法不再赘述。

(10) 将"雪人眨眼"元件从库面板拖放到"眼睛"图层上,制作雪人的双眼,如图 1.4.38 所示。

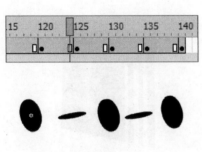

图 1.4.37　　　　　　　　　　图 1.4.38

(11) 在"帽子"图层上,使用绘图工具绘制帽子的基本形状,绘制完每个组成部分以后都执行"修改"→"组合"命令,即将每个部分都单独做成了组,避免形状之间的切割和融合,便于后期修改,如图 1.4.39 所示。

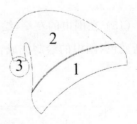

图 1.4.39

(12) 帽子的主体部分,填充浅红到深红的径向渐变色,从 RGB(255,0,0)到 RGB(153,0,0);帽子的白色毛绒部分,填充白色到浅灰色的径向渐变,从 RGB(255,255,255)到 RGB(204,204,204)。颜色设置及填充效果如图 1.4.40~图 1.4.42 所示。

图 1.4.40　　　　　　　　图 1.4.41　　　　　　　　图 1.4.42

（13）在"围巾"图层上，使用绘图工具绘制帽子的基本形状，填充和帽子相同的浅红到深红的径向渐变色。

（14）在围巾的末端，使用"选择工具"勾勒出一个细长的矩形区域，按 Delete 键进行删除；经过数次的选择和删除以后，围巾末端就出现了穗状效果；将围巾选中，执行"修改"→"组合"命令，将其转化为组合，避免绘制其他图形对其造成干扰，如图 1.4.43和图 1.4.44 所示。

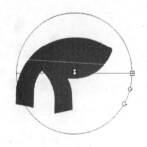
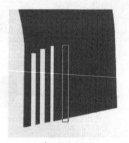

图 1.4.43　　　　　　　　　　　　图 1.4.44

（15）在围巾的左端，绘制一个阴影区，即头部在身体上的投影，填充深灰到浅灰的线性渐变色，围巾的绘制完成，如图 1.4.45 和图 1.4.46 所示。

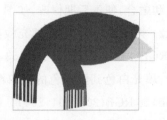

图 1.4.45　　　　　　　　　　　　图 1.4.46

（16）在"阴影"图层上，将松树元件中的"阴影"复制过来即可，绘制原理相同。

（17）在本例中，"雪人眨眼"和"雪人"做成了影片剪辑元件，因为制作了眨眼的逐帧动画；其他未参与动画的雪人组成部件，都做成了"绘制对象"和"组合"，这两者之间没有区别。至此，雪人绘制完毕，如图 1.4.47 所示。

（18）回到场景 1，新建图层并命名为"雪人"，将库面板中的雪人元件拖放到舞台上，图层结构如图 1.4.48 所示。

（19）按快捷键 Ctrl＋Enter 测试动画效果，最终效果如图 1.4.49 所示。

图 1.4.47 　　　　　　　　　　　　　图 1.4.48

图 1.4.49

四、案例——咏梅

作品简介:蓝色渐变的天空、随机分布的雪花、苍劲有力的枝条、三种不同形态的梅花,共同构成了梅花飘雪的画面效果。本例综合应用线条工具、铅笔工具、颜料桶工具、刷子工具、喷涂刷工具、渐变变形工具和任意变形工具,此外,还应用快速复制的方法。

(一)树干的绘制

(1)新建 Flash 文件"咏梅",舞台大小设置为 600×400 像素。在"插入"菜单中选择"新建元件",在弹出的对话框中设置名称为"树干",类型为"图形"。

(2)使用"铅笔工具",并在选项中设置为"平滑"模式,绘制树干的草稿,如图 1.4.50 所示。

(3)绘制完树干的草稿以后,将所有线条选中,选择"选择工具"的"平滑"选项,对草稿线条进行平滑,然后选择"伸直"选项进行伸直,使树干的线条更加便于调整和加工,如图 1.4.51 所示。

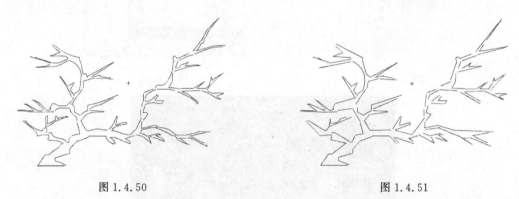

图 1.4.50   图 1.4.51

(4)使用"选择工具"继续对树干草稿图进行调整,拖住每个线条的端点进行拉伸,使草稿图的线条闭合;个别空隙可以使用"线条工具"进行修补。效果如图 1.4.52 所示。

(5)选择"颜料桶工具",填充线性渐变色,从 RGB(0,0,0)到 RGB(102,0,0),即黑色到棕色的渐变,对树干草稿图进行填充,如有个别端点没有闭合出现不能填充的情况,可以尝试选择"颜料桶工具"的"封闭小空隙"选项来进行填充,"树干"元件绘图完毕,如图 1.4.53~图 1.4.55 所示。

图 1.4.52   图 1.4.53

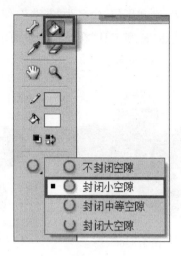

图 1.4.54　　　　　　　　　　　　　　　　　图 1.4.55

（二）花朵 1 的绘制

（1）在"插入"菜单中选择"新建元件"，在弹出的对话框中设置名称为"花朵 1"，类型为"图形"。

（2）将图层 1 改名为"花瓣"，使用"椭圆工具"绘制花瓣的形状，如图 1.4.56 所示，并使用"选择工具"对花瓣的形状进行调整，如图 1.4.57 所示。

（3）使用"颜料桶工具"，填充径向渐变色，从 RGB(255,0,255)到 RGB(255,0,0)，即粉红色到红色的渐变，对花瓣进行填充，如图 1.4.58 所示。

（4）使用"渐变变形工具"对花瓣的填充颜色进行调整，并删除轮廓线，如图 1.4.59 所示。

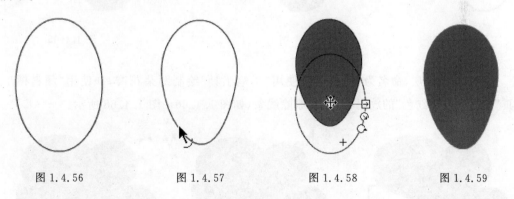

图 1.4.56　　　　　　图 1.4.57　　　　　　图 1.4.58　　　　　　图 1.4.59

（5）选中花瓣形状，复制为 5 个，使用"任意变形工具"对每个花瓣进行旋转，然后组合为花朵形状，如图 1.4.60 所示。

（6）新建图层，命名为"花心"，使用"椭圆工具"绘制一个圆形，填充为"黄色-透明"的放射状渐变，如图 1.4.61 所示。

（7）新建图层,命名为"花蕊",使用"铅笔工具"绘制花蕊的线条,将线条的笔触设置为 2,使用"椭圆工具"在花蕊线条的末端绘制小圆形,点缀花蕊,"花朵 1"元件绘制完毕,如图 1.4.62 所示。

图 1.4.60　　　　　　　图 1.4.61　　　　　　　图 1.4.62

（三）花朵 2 的绘制

（1）在"插入"菜单中选择"新建元件",在弹出的对话框中设置名称为"花朵 2",类型为"图形"。

（2）将图层 1 命名为"花瓣后",使用"铅笔工具"绘制三朵花瓣,并使用"颜料桶工具"填充"棕色-红色"的放射状渐变,删除线条,如图 1.4.63～图 1.4.65 所示。

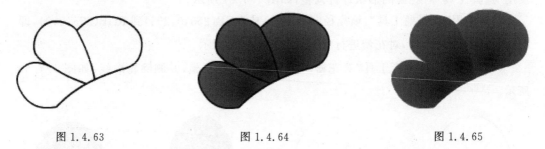

图 1.4.63　　　　　　　图 1.4.64　　　　　　　图 1.4.65

（3）新建图层,命名为"花瓣前",使用"铅笔工具"绘制两朵花瓣,并使用"颜料桶工具"填充"棕色-红色"的放射状渐变,删除线条,如图 1.4.66～图 1.4.68 所示。

图 1.4.66　　　　　　　图 1.4.67　　　　　　　图 1.4.68

　　(4) 新建图层,命名为"花蕊",调整图层到"花瓣后"和"花瓣前"图层之间,如图1.4.69所示,使用"铅笔工具"绘制花蕊的线条,如图1.4.70所示,使用"椭圆工具"在花蕊线条的末端绘制小圆形,点缀花蕊,"花朵2"元件绘制完毕,如图1.4.71所示。

图 1.4.69

图 1.4.70

图 1.4.71

(四) 花朵3的绘制

　　(1) 在"插入"菜单中选择"新建元件",在弹出的对话框中设置名称为"花蕾",类型为"图形"。

　　(2) 将图层1改名为"花瓣1",使用"铅笔工具"绘制第一朵花瓣,填充为"棕色-红色"的放射状渐变,如图1.4.72所示。

图 1.4.72

　　(3) 新建图层,命名为"花瓣2",使用"铅笔工具"绘制第二朵花瓣,填充为"棕色-红色"的放射状渐变,可以使用"渐变变形工具"对效果进行调整,如图1.4.73所示。

　　(4) 新建图层,命名为"花瓣3",使用"铅笔工具"绘制第三朵花瓣,填充为"黑色-绿色-棕色-红色"的放射状渐变,通过"渐变变形工具"对效果进行调整,使花瓣的根部出现一点绿色,如图1.4.74所示。三个花瓣的排列顺序如图1.4.75所示。

图 1.4.73

图 1.4.74

图 1.4.75

(五) 梅花树的绘制

　　(1) 返回场景1,将图层1命名为"天空",使用"矩形工具"绘制天空形状,填充为"白色-浅蓝色"的线性渐变,如图1.4.76所示。

　　(2) 新建图层,命名为"树干",将库面板中的"树干"元件拖放到舞台上,调整到合适的大小和位置,如图1.4.77所示。

图 1.4.76

图 1.4.77

（3）新建图层，命名为"花朵"，将库面板中的"花朵 1""花朵 2""花蕾"元件拖放到舞台上，如图 1.4.78 所示，按住 Ctrl 键的同时，使用"选择工具"拖住对象进行快速复制，并调整到合适位置。使用"任意变形工具"选中个别的花朵进行缩放、旋转和翻转，使花朵的分布看起来更加具有美感，如图 1.4.79 所示。

图 1.4.78

图 1.4.79

（六）飘雪的绘制

（1）在"插入"菜单中选择"新建元件"，在弹出的对话框中设置名称为"雪花"，类型为"图形"。

（2）使用"铅笔工具"绘制两个不规则的雪花形状，调整到合适大小，分别置于舞台中心的两侧，如图 1.4.80 所示。

图 1.4.80

（3）新建图层，命名为"雪花"，使用"喷涂刷工具"，并设置其属性，如图 1.4.81 所示，在舞台上进行喷涂，大量的雪花就生成了，如图 1.4.82 所示。

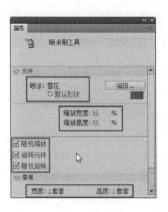

图 1.4.81

图 1.4.82

（4）新建图层,命名为"积雪",填充色设置为白色,选择"刷子工具",在选项中设置合适的大小和形状,在树干以及个别花朵上进行涂抹,如图 1.4.83 所示。最终效果图就完成了,可以根据需要调整图层顺序,如图 1.4.84 所示。

图 1.4.83

图 1.4.84

知识回顾

1. 形态和色彩在画面设计中是最主要的视觉表达方式,点线面决定了画面构成要素的形态和布局,颜色的调整和搭配则关系到画面的情感表达。在 Flash 软件中随意找出六种不同的颜色,并将其 RGB 值、亮度和饱和度填写到下表中。

颜色						
RGB						
亮度						
饱和度						

2. 在绘图过程中,为了避免图形之间互相干扰,可以将独立的图形存成"元件"、转化为"组"或是直接制作"绘制对象",请根据制作体验,总结它们之间的区别。

	元件	组或绘制对象
使用目的		
存储位置		
能否制作动画		
是否有时间轴		
是否便于复制		

实训五　《小蝌蚪找妈妈》场景绘制

学习目标

(1) 了解画面构成中近大远小、近实远虚的基本规律。

(2) 能够根据对象的特点灵活选择合适的绘图工具。

(3) 理解绘图过程中辅助线的用途和操作方法。

(4) 能够熟练运用 Flash 软件完成《小蝌蚪找妈妈》场景的制作。

扫码下载源文件

画面效果：蓝色渐变的天空、蓝色渐变的湖面、陆地、水草、荷花、荷叶、彩虹、云、蝌蚪、星光等要素，共同构成了一幅优美的池塘风光。本例综合应用了各种绘图工具和色彩配置的相关知识，以及近大远小、近实远虚的透视处理技法，增加了画面的空间感。

（一）水草的绘制

（1）新建一个文件，舞台大小设置为 960×540 像素，将文件保存为"小蝌蚪找妈妈场景.fla"。

（2）新建元件图形"叶子1"，绘制叶子的基本形状，并填充颜色，如图 1.5.1 所示。线条和色块的颜色，建议读者自行调配，以增加对颜色的感知度。

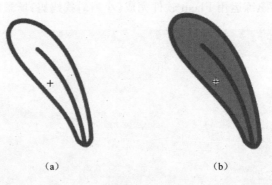

(a)　　　　　　　(b)

图 1.5.1

（3）同理，新建图形元件"叶子2"，绘制第二片叶子。这片叶子有高光区域，使用粉红色线条做辅助线，在原有叶子区域内划分出不同的区域，并填充颜色，最后删除辅助线，如图 1.5.2 所示。

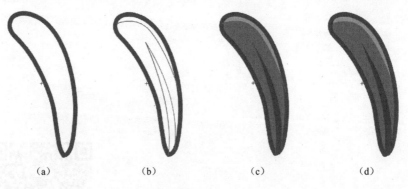

(a)　　　　　(b)　　　　　(c)　　　　　(d)

图 1.5.2

（4）以"叶子5"为例，使用透明色和渐变透明色来绘制晶莹剔透的露珠，颜色设置如图 1.5.3 所示。绘制两个非标准圆形，并使其部分相交，如图 1.5.4(a)所示；在未相交的区域，填充透明度为 90% 的白色，如图 1.5.4(b)所示；在相交的区域，填充透明度为 50% 到 90% 的白色渐变，并调整方向，如图 1.5.4(c)所示；最后，在左上角绘制两个 100% 白色的椭圆，作为露珠的高光，如图 1.5.4(d)所示。

图 1.5.3

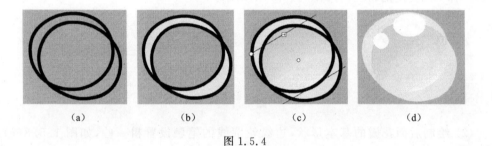

图 1.5.4

（5）新建"水草花 1"元件，绘制非标准圆形，使用粉红色线条做辅助线，划分高光和阴影区域，分别填充三种不同亮度的土黄色，然后删除辅助线，最后绘制一条曲线作为花茎，如图 1.5.5 所示。

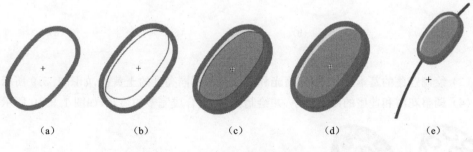

图 1.5.5

（6）最后将五片叶子和两朵花，按照远近的顺序进行图层排列，并调整为合适的比例，如图 1.5.6 所示。

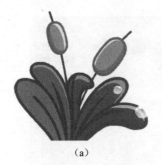

图 1.5.6

(二) 荷花的绘制

(1) 新建图形元件"荷花"。首先绘制前面花瓣的基本形状,边缘轮廓线的笔触设置粗一些,如图 1.5.7(a)所示;根据远近顺序删除相交区域的线条,如图 1.5.7(b)所示;使用亮绿色作为辅助线,分离出花瓣的高光区域,如图 1.5.7(c)所示;分别填充高光、正常、阴影三种不同亮度的粉红色,如图 1.5.7(d)所示。

图 1.5.7

(2) 绘制后面花瓣的基本形状,边缘轮廓线的笔触设置粗一些,如图 1.5.8(a)所示;使用亮绿色作为辅助线,分离出花瓣的高光区域,如图 1.5.8(b)所示;分别填充高光、正常、阴影三种不同亮度的粉红色,如图 1.5.8(c)所示;删除亮绿色的辅助线,如图 1.5.8(d)所示。

图 1.5.8

(3) 绘制莲蓬的基本形状,填充高光和阴影两种不同亮度的土黄色,如图 1.5.9 所示。

(4) 调整花瓣和莲蓬的图层顺序,并绘制花茎,组合成完整的荷花,如图 1.5.10 所示。

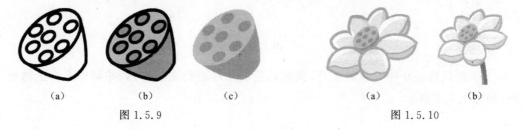

图 1.5.9   图 1.5.10

（三）彩虹的绘制

（1）新建影片剪辑元件"彩虹"。在"彩虹"元件内部，以舞台为中心，同时按 Shift 和 Alt 键，选择"椭圆工具"绘制六个同心圆，如图 1.5.11 所示。

（2）使用亮绿色作为辅助线，在同心圆上进行水平方向的切割，删除下方的黑色弧线，如图 1.5.12 所示。

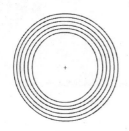
图 1.5.11

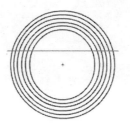
图 1.5.12

（3）如图 1.5.13 所示，分别使用蓝、绿、黄、橙、红色的渐变色来填充彩虹。以蓝色区域为例，设置透明度从"0%—100%—0%"的线性渐变，其他渐变色的填充原理相同。填充完毕以后删除轮廓线，如图 1.5.14 所示。

图 1.5.13

图 1.5.14

（4）回到场景 1 的舞台，将影片剪辑元件"彩虹"拖放到舞台上，并选中这个实例，在属性面板中设置色彩效果的 Alpha 值为 65%；添加模糊滤镜效果，模糊 7 像素，如图 1.5.15 所示。若隐若现效果的彩虹绘制完毕，如图 1.5.16 所示。

图 1.5.15

图 1.5.16

（四）云的绘制

云是无形的物质,但是在绘制的过程中,需要把云假定为有形的,即若干个气团堆砌的效果。在云的绘制过程中,需要绘制阴影区,来增加云的立体感,如图 1.5.17 所示。

（a）

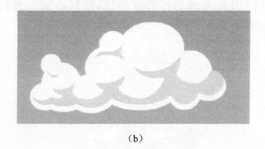
（b）

图 1.5.17

（1）新建影片剪辑元件"云"。在"云"元件内部,将图层 1 命名为"云"。使用"椭圆工具"绘制若干个圆形或椭圆,并使其相交。删除这些圆形内部相交的线条,只保留最外面的轮廓,如图 1.5.18 所示。

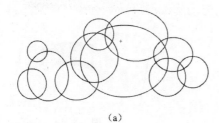
（a）

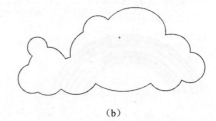
（b）

图 1.5.18

（2）新建图层,命名为"阴影"。阴影大部分位于下方,底部轮廓与云的轮廓几乎平行,顶部轮廓带有若干尖角,为云团之间挤压的效果。选择"铅笔工具",笔触设置为亮绿色,绘制阴影的形状;选中所有线条,选择"铅笔工具"的"平滑"选项,使线条更加流畅。效果如图 1.5.19 所示。

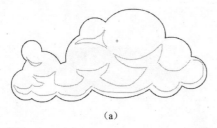
（a）

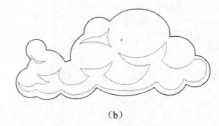
（b）

图 1.5.19

（3）在"云"图层中填充白色,在"阴影"图层中填充淡蓝色;删除所有轮廓线,云就绘制完成了。效果如图 1.5.20 所示。

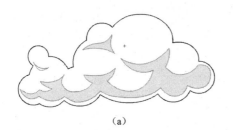
（a）

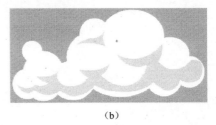
（b）

图 1.5.20

（4）回到场景 1 的舞台，将"云"元件从库中拖放到舞台上，选中这个实例，在属性面板中设置滤镜效果，模糊 5 像素，如图 1.5.21 所示，效果如图 1.5.22 所示。

图 1.5.21   图 1.5.22

（五）陆地的绘制

河岸陆地没有严格的形状，绘制出蜿蜒曲折的曲线即可。河岸分为三个层次，分别为草地、土壤和水中的投影。每个层次又分别用了亮、暗两种影调，来增加视觉立体感。效果如图 1.5.23 所示。

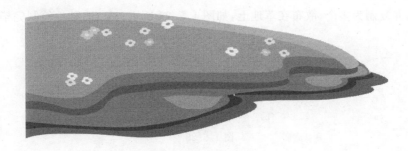

图 1.5.23

（1）新建图形元件"陆地"。在"陆地"元件内部，将图层 1 命名为"土壤"，使用"钢笔工具"绘制河岸的形状，使用"部分选取工具"进行调整，节点之间的距离不要太近，否则线条不流畅，调整的难度也很大，如图 1.5.24 所示。

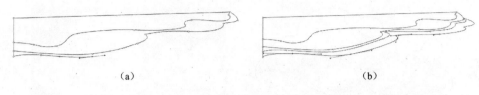

图 1.5.24

（2）使用亮绿色辅助线绘制土壤局部高光点的形状；将土壤填充为三种不同亮度的棕色，将水面上的阴影填充为两种不同亮度的蓝色；填充完毕后删除所有轮廓线。效果如图 1.5.25 所示。

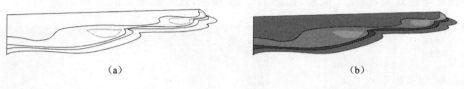

图 1.5.25

（3）在"陆地"元件内部，新建图层"草地"，使用"钢笔工具"绘制草地的形状，使用"部分选取工具"进行调整，注意拐角处线条的流畅度，如图 1.5.26 所示。

（4）填充三种不同亮度的黄绿色作为草地的高光、正常和阴影的颜色，删除所有线条，如图 1.5.27 所示。

图 1.5.26　　　　　　　　　　　　　图 1.5.27

（5）在"陆地"元件内部，新建图层"花朵"，使用"铅笔工具"绘制花朵的形状，填充不同的颜色，并复制为多个，散布在草地上，如图 1.5.28 所示。至此，陆地绘制完毕。

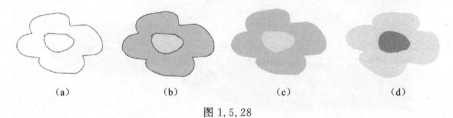

图 1.5.28

（六）小蝌蚪摇尾巴动画的制作

（1）新建图形元件"蝌蚪头"。在"蝌蚪头"元件内部，依次建立"脸""嘴巴""左眼""右眼"图层。

（2）在"脸"图层上，使用"椭圆工具"绘制三个圆形，并使用"选择工具"对线条进行拖

拽,使其稍微变形;分别填充亮度不同的灰黑色作为蝌蚪头的正常、高光以及阴影的颜色;删除亮绿色辅助线。效果如图 1.5.29 所示。

(3)在"嘴巴"图层上,使用"铅笔工具"绘制嘴巴形状,使用亮绿色作为辅助线来分离出阴影区,依次填充两种不同亮度的粉红色;删除亮绿色辅助线。效果如图 1.5.30 所示。

图 1.5.29

(4)在"左眼"图层上,使用"椭圆工具"绘制眼睛的基本形状,填充为白色,眼珠的阴影区填充浅灰色;使用"铅笔工具"绘制眯眼,笔触设置要相对粗一些;删除亮绿色辅助线。效果如图 1.5.31 所示。

(5)选中"左眼"图层上所有的对象,使用"修改"菜单中的"转化为元件",命名为"眼睛",类型为"图形"。另外一只眼睛不用重新绘制,重复利用库中的元件即可;"蝌蚪头"绘制完毕。效果如图 1.5.32 所示。

图 1.5.30　　　　　　　　　图 1.5.31　　　　　　　　　图 1.5.32

(6)新建影片剪辑元件"蝌蚪尾巴"。在"蝌蚪尾巴"元件内部,制作逐帧动画,即蝌蚪尾巴运动的每个状态,都需要手动绘制,如图 1.5.33 所示。本例中,共用 7 个关键帧来绘制蝌蚪尾巴摆动的完整周期,每两个关键状态间隔 3 帧,如图 1.5.34 所示。

图 1.5.33

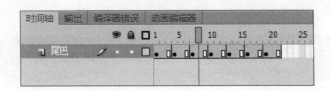

图 1.5.34

(7)新建影片剪辑元件"蝌蚪整体"。在"蝌蚪整体"元件内部,将图层 1 命名为"头部",将"蝌蚪头"从库中拖放到舞台上;新建图层"尾巴",将"蝌蚪尾巴"从库中拖放到舞台上,如图 1.5.35 所示;调整蝌蚪头和尾巴的比例,整个蝌蚪绘制完成,如图 1.5.36 所示。

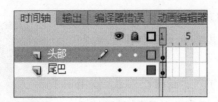

图 1.5.35　　　　　　　　　　　图 1.5.36

（七）荷叶摇摆动画效果的制作

（1）新建图形元件"荷叶"。在"荷叶"元件内部，建立三个图层，依次为纹理、荷叶和阴影。在"荷叶"图层中，绘制椭圆，如图 1.5.37 所示。

（2）在椭圆上，使用"线条工具"绘制缺口，并稍微弯曲为弧线，荷叶的外轮廓绘制完成，如图 1.5.38 所示。

图 1.5.37　　　　　　　　　　　图 1.5.38

（3）使用粉红色作为辅助线，使用"钢笔工具"沿着荷叶的轮廓绘制高光和阴影区的分割线，如图 1.5.39 所示。

（4）在荷叶上填充黄绿色，在高光区域填充相对较亮的黄绿色，在阴影区域填充较暗的黄绿色，如图 1.5.40 所示；然后删除粉红色辅助线。

图 1.5.39　　　　　　　　　　　图 1.5.40

（5）在"纹理"图层上，使用"刷子工具"，设置合适的刷子大小和形状，绘制荷叶上的纹理，如图 1.5.41 所示。

（6）在"阴影"图层上，绘制一个比荷叶稍大的椭圆，填充透明度为 30% 的蓝色，如图 1.5.42 所示。

图 1.5.41　　　　　　　　　　　图 1.5.42

（7）新建图层元件"波纹"，使用"椭圆工具"在元件内部的舞台上绘制一个圆形。设置透明度为"0%－100%－0%"的白色渐变，如图 1.5.43 所示；对圆形进行填充，使得图形出现中心透明、边缘模糊的效果，如图 1.5.44 所示。

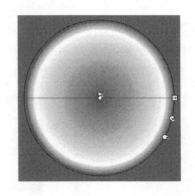

图 1.5.43　　　　　　　　　　　　　　图 1.5.44

（8）新建影片剪辑"水波扩散"，制作过程如下。

① 将图层 1 命名为"水波 1"，将"波纹"元件拖放在"水波扩散"的舞台中心。

② 在"水波 1"图层上，制作水波扩散的动画。选中第 1 帧的波纹，在属性面板中设置大小为 10×10 像素。

③ 在第 120 帧插入关键帧，选中第 120 帧的波纹，在属性面板中设置大小为 120×120 像素。

④ 选择中间的过渡帧，右击并创建传统补间动画。

（9）根据"水波 1"复制出其他 4 个水波的动画效果。选择水波 1 图层上的第 1～120 帧，右击选择"复制帧"；新建图层"水波 2"，到"水波 2"的第 11 帧处，右击选择"粘贴帧"，"水波 2"动画就做好了；其他的水波动画制作方法相同。图层结构如图 1.5.45 所示。

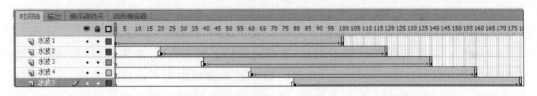

图 1.5.45

（10）回到场景 1 的舞台，将"水波扩散"拖放到图层 1 上；将"荷叶"元件拖放到图层 1 上，将"水波扩散"变形为椭圆形，并调整为合适大小。按快捷键 Ctrl＋Enter 测试影片，即可看到动画效果。效果如图 1.5.46 所示。

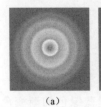
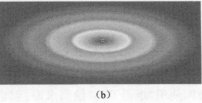
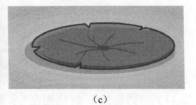

（a）　　　　　　　　　（b）　　　　　　　　　（c）

图 1.5.46

（八）星光的绘制

（1）新建影片剪辑元件"星光闪烁1"，进入该元件内部，选择"多角星形工具"，在属性面板中设置样式为星形，边数为4，星形顶点大小为0.15，如图1.5.47所示，在舞台上绘制白色的星光，透明度设置为75％，如图1.5.48所示。效果如图1.5.49所示。

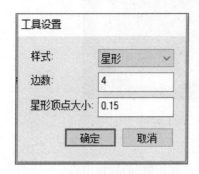

图1.5.47 图1.5.48 图1.5.49

（2）在时间轴上设置10个关键帧，随机修改每个关键帧中星光的大小和透明度；选择两个关键帧中间的过渡帧，右击"创建补间形状"；以此类推，将所有的过渡帧都创建为补间形状；"星光闪烁1"的动画制作完毕，图层结构如图1.5.50所示。

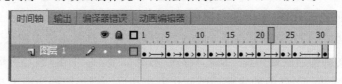

图1.5.50

（3）在库面板中选择"星光闪烁1"，右击"直接复制"，命名为"星光闪烁2"。

（4）进入"星光闪烁2"元件的内部，选择时间轴上所有的帧，右击选择"翻转帧"，则时间轴的动画顺序被翻转了过来，"星光闪烁2"的动画制作完毕。以此类推，改变关键帧的顺序，或翻转时间轴上部分关键帧，可以方便快捷地制作更多的星光闪烁动画，图层结构如图1.5.51所示。

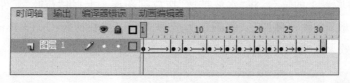

图1.5.51

（九）画面整合

（1）回到场景1，新建图层"水面"，使用"矩形工具"绘制水面，创建蓝绿色的渐变色，填充水面。

（2）新建图层"天空"，使用"矩形工具"绘制天空，设置浅蓝色的渐变色，填充天空。

（3）将前面创建好的元件，分别放置到"白云""彩虹""陆地"等图层上。至此，完成了《小蝌蚪找妈妈》场景的制作。图层结构如图 1.5.52 所示，画面效果如图 1.5.53 所示。

图 1.5.52

图 1.5.53

知识回顾

（1）"复制帧"命令与"复制"命令的区别是什么？"粘贴"命令与"粘贴到当前位置"命令的区别是什么？

（2）根据平面构成的基本形式，画面构成要素按照大小、方向、虚实、色彩等关系进行渐次变化排列，会产生节奏、韵律、空间和层次感。请根据该设计原则，分析《小蝌蚪找妈妈》场景设计的优点与不足。

模块二　Flash 课件动画制作基础

实训一　补间动画制作基础

学习目标

(1) 深入理解影片剪辑、图形和按钮三种元件之间的区别。

(2) 理解传统补间、补间形状和补间动画三种类型动画之间的区别。

(3) 理解元件的嵌套结构和动画作品的组织结构。

(4) 能够灵活运用 Flash 软件完成《汽车运动》作品的制作。

扫码下载源文件

一、元件及其类型

演示型课件的制作过程,犹如搭积木,根据创作者的表现意图,最终将完整的动画课件构建出来。元件就是 Flash 课件中的"积木",这些"积木"可能是静态的图形图像,也可能是动态播放的动画片段,还可能是具有交互功能的按钮或组件,如图 2.1.1 所示。

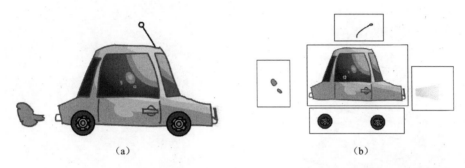

(a)   (b)

图 2.1.1

根据其组合的次序,元件之间可以进行嵌套。例如,图形元件内部可以包含图形元件;影片剪辑元件内部可以包含影片剪辑元件,影片剪辑元件内部可以包含图形元件;按钮元件内部也可以包含影片剪辑元件或图形元件等。但是一般不会把影片剪辑元件嵌套到图形元件内部,这是由每种元件的功能特点决定的。例如,一群小鸟飞过天空的动画效果,从外向里嵌套次序为"3 只小鸟飞"的影片剪辑元件、"小鸟 2"影片剪辑元件、"翅膀"影片剪辑元件、"翅膀"图形元件,如图 2.1.2 所示。

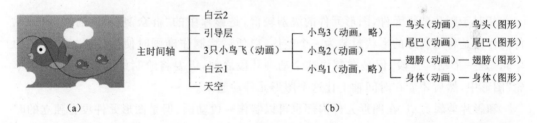

(a)   (b)

图 2.1.2

(一)影片剪辑元件

影片剪辑是一段完整的动画,可以包含一切素材,这些素材可以是交互控制按钮、声音、图形图像和其他影片剪辑。一般而言,内部有动作的对象需要做成影片剪辑元件,称为"独立小影片"。例如,汽车运动过程中,轮子除了随着汽车向前做线性运动以外,还自身发生旋转运动,那么"旋转的车轮"就可以做成一个独立的影片剪辑元件。

影片剪辑有相对于主时间轴和相对主坐标系独立的坐标系,即使场景的主时间轴暂停,影片剪辑内部的时间轴仍然在循环运行。例如,在主时间轴上,汽车是停止的,但是

"旋转的车轮"仍然会在原地旋转,除非采用动作脚本强行停止其运行。影片剪辑元件的嵌套结构如图 2.1.3 所示。

在 Flash 动画中,与图形元件不同,影片剪辑元件是"明星",是影片中的重要角色,所以影片剪辑可以设置实例名称,可以设置与背景混合模式,还可以设置滤镜效果,如图 2.1.4 所示。

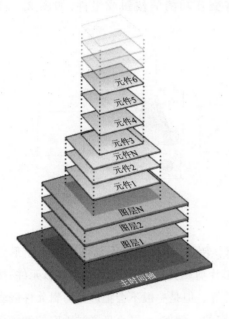

图 2.1.3

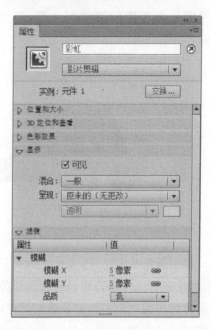

图 2.1.4

(二)图形元件

相对于影片剪辑元件,图形元件的级别较低,是影片中的"群众演员"。通常,图形元件的作用是将绘制好的形状封装为一个整体,以便后续制作动画时使用。例如,"旋转的车轮"是一个动画片段,但是在制作这个动画片段之前,需要将绘制好的形状保存在"车轮"图形中,然后才能在时间轴上让这个图形元件动起来。

和影片剪辑类似,在图形元件内部也可以制作一段动画,但是图形元件没有独立的时间轴,它与主场景或上一级别元件共用同一时间轴。如果主场景中只有 1 个帧,那么无论图形元件内部有多少帧动画,也只能显示第 1 帧。所以要想使图形元件中的动画能够全部呈现,场景的帧数必须是图形元件内部帧数的整数倍。总之,图形元件不是独立的小影片,它的作用类似于"组",组中的内容既可以是静态的形状,也可以是主场景时间轴上运行的动画片段。

图形元件可以嵌套其他图形元件和素材,但是图形元件不能对实例进行命名,不具有交互性,也不能添加滤镜效果,即使内部包含了声音,也不会发声。从属性对比来看,图形元件的功能设置,比影片剪辑元件少很多,但有一个属性例外,图形元件可以设置从第几帧运行,而影片剪辑永远都是从第 1 帧开始运行,如图 2.1.5 所示。

图 2.1.5

（三）按钮元件

按钮元件是 Flash 影片中创建互动功能的重要组成部分,使用按钮元件可以在影片中响应单击、滑过或其他鼠标动作,然后将响应的事件结果传递给 ActionScript 3.0 脚本语言进行处理。按钮元件实际上是 4 帧的交互影片剪辑,如图 2.1.6 所示,第 1 帧是弹起状态,代表指针没有经过按钮时该按钮的状态;第 2 帧是指针经过状态,代表指针滑过按钮时该按钮的外观;第 3 帧是按下状态,代表单击按钮时该按钮的外观;第 4 帧是点击状态,定义响应单击的区域,在动画的运行过程中是不显示的。通过对这 4 帧的编辑,从而达到鼠标划过或单击按钮时所看到的动态效果。此外,还可以在按钮元件中嵌套影片剪辑,从而制作出效果变化多端的动态按钮,如图 2.1.7 所示。

图 2.1.6   图 2.1.7

二、三种补间动画

所谓"补间",就是设计好动画的初始状态和结束状态,由 Flash 软件自动生成两个状态之间的改变,如位移、透明度、大小、形状、旋转的改变,从而减轻制作者的压力,提高动画的开发效率。在 Flash 软件中,共有三种制作"补间"的技术,即补间动画、补间形状、传统补间。

在 Flash CS3 版本之前,"补间"技术只有两种:一种是动画补间,就是现在的"传统补间";另一种是形状补间,就是现在的"补间形状"。在 Flash CS3 版本以后出现的"补间动画",其原理是引进面向对象的思想,增加了基于对象的补间。三种"补间"区别如表 2.1.1 所示。

表 2.1.1

区别	补间形状	传统补间	补间动画(新)
时间轴	时间轴 输出 编译器错误 动画编辑器 补间形状 ●●□1 5 10	时间轴 输出 编译器错误 动画编辑器 传统补间 ●●□1 5 10	时间轴 输出 编译器错误 动画编辑器 补间动画 ●●1 5 10
对象	形状,即矢量图形;如果使用元件、按钮、文字,则必须先分离为矢量图形	影片剪辑、图形元件、按钮元件;如果是形状、图像、文字、组合图形,必须要转化为元件	
原理	一种矢量形状逐渐变为另一种矢量形状;一个矢量形状的大小、位置、颜色等的变化	同一个元件的大小、位置、颜色、透明度、旋转等属性的变化	
关键帧	动画初始和结束的位置必须有关键帧;两个关键帧上的对象必须为矢量形状	动画初始和结束的位置必须有关键帧;关键帧上的对象必须为同一个元件的实例	只有一个关键帧,即初始状态的关键帧
效果	线性变化,如位置的改变是匀速的	可实现滤镜的动画效果;可利用运动引导层来实现曲线运动效果	可实现滤镜的动画效果;可实现曲线运动效果
范例	位置和颜色的改变	位置和透明度的改变	位置和颜色的改变

三、案例——汽车运动

画面效果：一辆汽车自左向右行驶，路面和灌木则由右向左运动。在汽车行驶的过程中，车身发生上下抖动的颠簸效果，而且伴有车灯闪烁、车轮转动、天线甩动和尾气不断排出的动画效果。本例综合运用了元件之间的嵌套关系和各种类型补间动画的基本原理。通过该范例的制作，能够从整体上更好地理解一个 Flash 动画效果如何通过"搭积木"的方式来实现。

（一）文件设置和背景绘制

（1）新建 Flash 文件，舞台大小为 500×400 像素，背景色为白色，帧频为 12 fps，保存文件为"汽车运动.fla"。

（2）绘制背景。使用"矩形工具"绘制舞台大小的矩形框，在矩形框 1/3 处添加一条水平线，划分为地面与天空，并分别填充蓝色 RGB(51,102,153) 和黑色，如图 2.1.8 所示。

（3）制作分道线移动效果，如图 2.1.9 所示，制作过程如下。

① 新建图形元件"分道线"，在其内部舞台上绘制白色公路分道线。

② 新建影片剪辑"分道线移动"，将"分道线"从库中拖放到第 1 帧，在第 30 帧插入关键帧并向左移动分道线。

③ 在第 1～30 帧任意处右击，选择"创建传统补间"。

④ 返回主场景，将"分道线移动"拖放到场景的合适位置。

图 2.1.8　　　　　　　　　　　　　　图 2.1.9

（4）制作草丛移动效果，制作过程如下。

① 新建图形元件，命名为"草"，使用"铅笔工具"绘制草的轮廓，并填充明度偏低的绿色，如图 2.1.10 所示。

② 新建影片剪辑，命名为"草动"，创建 8 个图层，将"草"放置在"草 1"～"草 4"图层的第 1 帧，在第 35 帧插入关键帧，创建传统补间动画，制作草丛从右向左移动的动画效果。

③ 同理，"草 5"～"草 8"图层第 14～35 帧创建传统补间动画，以弥补前面草丛离开后画面上所产生的空白，如图 2.1.11 所示。

④ 返回主场景，新建图层"草"，将"草动"放置在该层上。

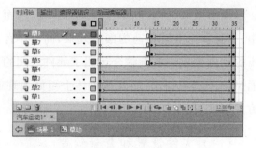

图 2.1.10　　　　　　　　　　　　图 2.1.11

（二）车身及抖动效果制作

（1）新建图形元件，命名为"车身"。使用"铅笔工具"绘制车身的轮廓，边画边调整（快捷键 V 或 N 反复切换），再填充颜色，最后去掉一些线条，完善车身的形状，如图 2.1.12 所示。

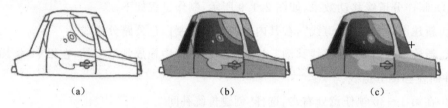

　　　（a）　　　　　　　　　　（b）　　　　　　　　　　（c）

图 2.1.12

（2）新建图形元件，命名为"汽车抖动"，制作汽车行驶过程中的抖动效果，制作过程如下。

① 将"车身"放在第 1 帧，使用"任意变形工具"，将中心点调整到车身的底部，如图 2.1.13 所示。

② 然后在第 5 帧插入关键帧，将车身向上拉拽，如图 2.1.14 所示。

③ 在第 1～5 帧中的任何帧上右击，创建传统补间动画。

图 2.1.13　　　　　　　　　　　　　　图 2.1.14

（三）天线甩动

（1）新建图形元件，命名为"天线甩动"。

（2）根据天线甩动的规律，使用"线条工具"和"椭圆工具"绘制逐帧动画，即每帧都为关键帧，分别绘制天线甩动的 10 个状态，建议先绘制线条，后添加天线顶端的圆形，如图 2.1.15 和图 2.1.16 所示。

图 2.1.15　　　　　　　　　　　　　　图 2.1.16

（四）汽车尾气

（1）新建图形元件，命名为"汽车尾气"。

（2）根据气体爆炸的规律，使用"铅笔工具"绘制五个尾气状态，完成尾气膨胀、崩裂、消失、再出现、变大的循环过程，如图 2.1.17 所示。为使逐帧动画效果看上去更有节奏感，在关键帧中间适度添加普通帧，如图 2.1.18 所示。

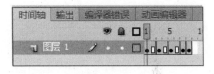

图 2.1.17　　　　　　　　　　　　　　图 2.1.18

（五）车轮转动

（1）新建图形元件，命名为"车轮"。在第 1 帧绘制车轮的形状，为了使动画效果和节奏感更加明显，车轮的形状不要非常对称和规则，如图 2.1.19 所示。

（2）新建影片剪辑元件，命名为"车轮转动"，制作过程如下。

① 将"车轮"元件放置在第 1 帧，在第 5 帧插入关键帧。

② 在第 1~5 帧中的任何帧上右击，创建传统补间动画。

③ 打开属性面板，设置"顺时针旋转"，如图 2.1.20 所示。

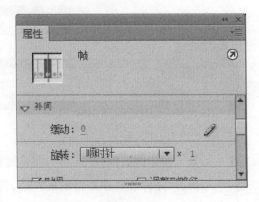

图 2.1.19　　　　　　　　　　　　　　图 2.1.20

（六）车灯闪烁

（1）新建图形元件,命名为"车灯闪烁"。在时间轴的第 1 帧,使用"线条工具"绘制一个梯形,填充透明度为 100%的黄色到透明度为 0%的黄色的线性渐变,作为灯光的第一个状态,如图 2.1.21 所示。

（2）在第 5 帧插入关键帧,使用"任意变形工具"修改该帧上的灯光形状,将其变长,作为灯光的第二个状态,如图 2.1.22 所示。

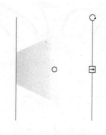

图 2.1.21

（3）在第 1~5 帧中的任何帧上右击,创建补间形状动画,如图 2.1.23 所示。

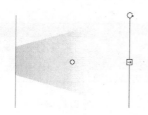

图 2.1.22

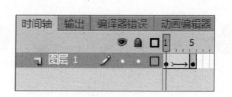

图 2.1.23

（七）汽车合成

（1）新建影片剪辑,命名为"汽车组合"。

（2）新建图层并依次命名为"车灯""天线""车身""车轮""尾气";将库面板中的"车灯闪烁""天线甩动""车身""车轮转动""汽车尾气"元件组合成一个完整的汽车,如图 2.1.24 所示;各图层延续帧至 35 帧,如图 2.1.25 所示。

图 2.1.24

图 2.1.25

（3）在主场景上新建图层"汽车运动",制作过程如下。

① 将"汽车组合"元件放置在舞台的最左边,右击选择"创建补间动画"。

② 选中第 10 帧,移动汽车到新的位置,时间轴上会自动生成关键帧。

③ 选中第 22 帧,移动汽车到新的位置。

④ 选中第 35 帧,将汽车移动到画面的最右边。至此,汽车运动的动画已经完成。图层结构如图 2.1.26 所示。

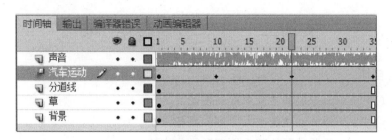

图 2.1.26

(4) 测试影片。执行"控制"→"测试影片"命令,观察动画效果。

知识拓展

1. 汽车运动案例中将"汽车抖动""天线甩动""车灯闪烁"等元件设计为图形元件,在制作过程中存在哪些弊端?

2. 参考汽车运动动画的创作过程,制作自然科幻主题的动画《星空飞碟》。

实训二　遮罩动画制作基础

学习目标

(1) 了解遮罩层和被遮罩层的概念。

(2) 了解逐帧动画的基本原理和操作方法。

(3) 理解遮罩动画的基本原理和操作方法。

(4) 能够熟练运用 Flash 软件完成《将进酒》动画作品的制作。

(5) 能够熟练运用 Flash 软件完成《江南五月》动画作品的制作。

扫码下载源文件

一、遮　罩　动　画

在 Flash 的作品中,常常看到很多眩目神奇的效果,而其中不少就是用"遮罩"完成的,如地球旋转、万花筒、百叶窗、放大镜、望远镜等动画效果,如图 2.2.1 所示。

（a）

（b）

图 2.2.1

Flash 的图层中有一个遮罩图层类型,为了得到特殊的显示效果,可以在遮罩层上创建一个任意形状的"视窗",遮罩层下方的对象可以通过该"视窗"显示出来,而"视窗"之外的对象将不会显示。

（1）遮罩层:遮罩是"视窗",其本身在动画播放时是看不到的。遮罩层中的内容可以是按钮、影片剪辑、图形、位图、文字等,但不能使用线条,如果一定要用线条,需要将线条转化为"填充"。此外,遮罩层中对象中的许多属性如渐变色、透明度、颜色和线条等是被忽略的。

（2）被遮罩层:被遮罩层中的对象,只能透过遮罩层的"视窗"才能被看到。在被遮罩层,可以使用按钮、影片剪辑、图形、位图、文字、线条等各种对象。

Flash 时间轴上没有专门的按钮来创建遮罩层,遮罩层是由普通图层转换的。在图层上右击,在弹出菜单中选择"遮罩层",如图 2.2.2 所示,该图层就会转换为遮罩层,层图标也会从普通层图标变为遮罩层图标,系统会自动将该图层下面的图层关联为"被遮罩层",如图 2.2.3 所示。遮罩层无法单独使用,都是与一个或多个被遮罩层同时使用的。

图 2.2.2

图 2.2.3

遮罩层与被遮罩层上都能创建动画,如补间动画、补间形状、逐帧动画,从而使遮罩动画变成一个可以施展无限想象力的创作空间。如图 2.2.4 中的发光效果,就是利用线条(已经转化为填充)作为线条的遮罩,重叠部分显露出来,就成了一圈圈的光芒,如图 2.2.5 所示。

图 2.2.4

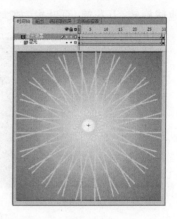

图 2.2.5

二、逐 帧 动 画

逐帧动画(frame by frame)是一种常见的动画形式,它的原理是将动作分解,并在"连续的关键帧"中进行绘制,每一帧中的内容不同。播放时,由于人眼的视觉暂留特性,连续播放的画面就成了动画。

逐帧动画中每帧的内容都不一样,制作过程非常冗繁,而且最终输出的文件体积也很大。但它的优势也很明显,逐帧动画具有非常大的灵活性,几乎可以表现任何想表现的内容,很适合表演细腻的动画。例如,人物转身、动物奔跑、头发或衣服的飘动、走路以及精致的 3D 效果等。传统的影视动画,都是利用逐帧动画原理制作的,如图 2.2.6 所示。

图 2.2.6

在制作逐帧动画的过程中,可以使用 Flash 的洋葱皮工具,如图 2.2.7 所示,就是时间轴下方的描图纸技术,它是把同一图层中选定的多帧内容同时显示出来,方便进行位置、比例和形态上的对比,如图 2.2.8 所示。

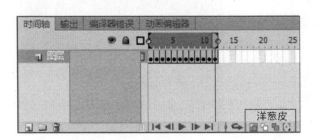

图 2.2.7　　　　　　　　　　　　　　　　　图 2.2.8

三、案例——将进酒

作品简介:这是一种常用的课件片头字幕动画效果,背景音乐慢慢响起,画卷随之展开,"将进酒"三个字按照书写的笔画慢慢出现,动画效果充满古典气息。本例综合运用了遮罩动画和逐帧动画的基本原理。将遮罩技术与补间动画和逐帧动画结合在一起,创造了生动的动画效果。

(一)文件设置和背景制作

(1)新建 Flash 文件,舞台大小为 550×400 像素,背景色为白色,帧频为 20fps,保存文件为"将进酒.fla"。

(2)将图层 1 命名为"背景",从文件菜单中导入图片到舞台上,作为课件的背景,如图 2.2.9 所示。

(3)选中背景图片,右击,转化为图形元件,命名为"背景"。选中这个元件,调整其色彩效果属性,如图 2.2.10 所示,制作旧羊皮纸效果,如图 2.2.11 所示。

图 2.2.9

图 2.2.10

图 2.2.11

（二）卷轴展开

（1）新建图形元件，命名为"画布"。在舞台的中心，使用"矩形工具"绘制矩形作为卷轴的画布，填充颜色 RGB(255,204,153)，如图 2.2.12 所示。

（2）进入"画布"元件内部，新建图层，使用"线条工具"绘制画布上的几何图形，如图 2.2.13 所示。

图 2.2.12

图 2.2.13

（a）　　　　（b）

图 2.2.14

（3）新建图形元件，命名为"卷轴"。使用"矩形工具"和"椭圆工具"绘制卷轴的形状，并填充渐变色，如图 2.2.14 所示。

（4）新建影片剪辑元件，命名为"卷轴展开"。将图层 1 命名为"画布"，将"画布"元件放置在舞台中央。

（5）在"画布"图层上方新建图层，命名为"遮罩"，制作遮罩徐徐展开的动画，过程如下。

① 使用"矩形工具"绘制一个细高的矩形。

② 在第 50 帧处插入关键帧，选择"任意变形工具"，按住 Alt 键的同时，将细高矩形拉宽至与画布等大，如图 2.2.15 所示。

③ 右击第 1～50 帧中间的任何一帧,创建补间形状动画。

④ 在该图层上右击,将其转化为遮罩层,如图 2.2.16 所示;画布从中间徐徐展开的效果就做好了。

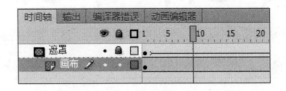

图 2.2.15   图 2.2.16

(6) 在遮罩上方新建图层,命名为"卷轴左",将卷轴元件放置在舞台的中央。在第 50 帧处插入关键帧,将卷轴向左移动到画布的边缘;右击第 1～50 帧中间的任何一帧,创建传统补间动画。

(7) 在遮罩上方新建图层,命名为"卷轴右",制作方法同上,只是方向不同,图层结构如图 2.2.17 所示。

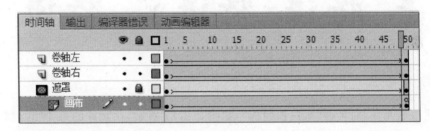

图 2.2.17

(8) 选择画布的最后一帧,右击,选择"动作",在动作面板输入动作脚本 stop(),目的是避免画轴展开后又重新开始播放,如图 2.2.18 所示。卷轴徐徐展开的画面效果如图 2.2.19 所示。

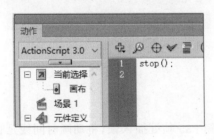

图 2.2.18   图 2.2.19

(三) 手 写 文 字

(1) 新建影片剪辑元件,命名为"手写文字"。将图层 1 命名为"名字",使用"文本工具"书写三个大字:将进酒。执行"修改"→"分离"命令,将字体转化为形状。

(2) 选择"橡皮擦工具",按照笔画的反向顺序,从"酒"字的最后一笔开始,逐渐擦除;

每擦一点就插入一个关键帧,一直擦到所有的文字都消失,如图 2.2.20 所示。

图 2.2.20

(3) 选中所有的关键帧,右击,选择"翻转帧",则第 1 帧变成了最后一帧,最后一帧变成了第 1 帧,从后向前擦除的效果翻转成了从前向后出现的效果。

(4) 选择最后一帧,右击,选择"动作",在动作面板输入动作脚本 stop( ),避免文字完整出现以后又重新播放。效果如图 2.2.21 所示。

图 2.2.21

(四) 按钮板

新建按钮元件,命名为"空白按钮板",如图 2.2.22 所示,在元件的第 4 帧绘制一个矩形,如图 2.2.23 所示。

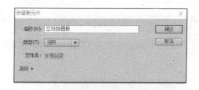

图 2.2.22　　　　　　　　　　　　　　　　图 2.2.23

(五) 作品合成

(1) 回到场景 1,将图层 1 命名为"背景",在第 235 帧处插入帧,将动画时间线延长。

(2) 新建图层,命名为"音乐",从文件菜单将声音素材导入到库面板,然后拖拽到舞台上,如图 2.2.24 所示。

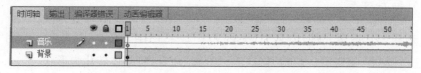

图 2.2.24

（3）新建图层，命名为"卷轴"，将"卷轴展开"元件拖拽到舞台的中央，如图 2.2.25 所示。

（4）新建图层，命名为"文字"，在第 51 帧处插入关键帧，将"手写文字"元件拖拽到舞台的中央，如图 2.2.26 所示。

图 2.2.25　　　　　　　　　　　　　　　图 2.2.26

（5）新建图层，命名为"李白"，制作文字淡入的效果，过程如下。

① 在第 190 帧处插入关键帧，用文字工具书写"李白"，并将其转换为图形元件"李白"；在第 225 帧插入关键帧，如图 2.2.27 所示。

② 选中第 190 帧的"李白"元件，在属性面板中设置透明度为 0%，如图 2.2.28 所示；选中第 190～225 帧中间的空白帧，右击，创建传统补间动画，"李白"会以淡入的效果慢慢出现。

图 2.2.27

图 2.2.28

图 2.2.29

（6）选择时间轴的最后一个关键帧，右击，选择"动作"，在动作面板输入动作脚本 stop()，避免片头重复播放。

（7）新建图层，命名为"按钮"，在最后一帧插入关键帧，将"空白按钮板"元件拖放到舞台上，并将其拉伸至覆盖整个舞台，如图 2.2.29 所示。

（8）选中按钮板，在属性面板中设置实例名称为"btn"，如图 2.2.30 所示；选中按钮，选择窗口菜单中的"代码片段"，选择"单击以转

到 Web 页",如图 2.2.31 所示。

图 2.2.30 　　　　　　　　　　图 2.2.31

（9）动作面板中会自动生成代码片段,如图 2.2.32 所示。所实现的功能是:单击 btn,会跳转到网页。修改网址,可跳转到其他网页。至此,完成了《将进酒》课件片头动画效果。

```
btn.addEventListener(MouseEvent.CLICK, fl_ClickToGoToWebPage);

function fl_ClickToGoToWebPage(event:MouseEvent):void
{
    navigateToURL(new URLRequest("http://www.adobe.com"), "_blank");
}
```

图 2.2.32

五、案例——江南五月

作品简介:这是一个具有古典气息的课件背景,波光荡漾的水面、悠悠晃动的小船,让画面充满了诗意。本例创造性地运用了遮罩技术,让错位的水面交替出现,使人眼产生水面动起来的错觉。通过该范例的制作,能够更好地理解复杂形状遮罩的应用效果。

（一）文件设置和背景制作

（1）新建 Flash 文件，舞台大小为 600×400 像素，背景色为"FFFFCC"，帧频为 12 fps，保存文件为"江南五月.fla"。

（2）将图片素材"双桥""划船""湖水"导入到库面板中备用。

（3）新建影片剪辑元件，命名为"桥"，将双桥的图片放置在舞台的中央，如图 2.2.33 所示。

（4）回到主场景，将"桥"元件放置在舞台上方，设置其显示属性为"正片叠底"，如图 2.2.34 所示，则原图片中白色的部分与背景颜色融合在一起，如图 2.2.35 所示。

图 2.2.33　　　　　　　　　图 2.2.34　　　　　　　　　图 2.2.35

（二）水波荡漾

（1）新建影片剪辑元件，命名为"水波荡漾"，将图层 1 命名为"水波 1"，将"湖水"图片放置到舞台中央，选中图片，执行"修改"→"分离"命令，如图 2.2.36 所示，然后使用"选择工具"选择中上部的图案，如图 2.2.37 所示，按 Delete 键删除，效果如图 2.2.38 所示。

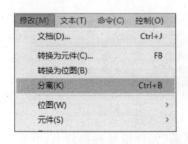

图 2.2.36　　　　　　　　　图 2.2.37　　　　　　　　　图 2.2.38

（2）在"水波 1"图层上右击，选择"复制图层"，命名新图层为"水波 2"；选中该图层的湖水图片，向上方稍作移动，使其与"水波 1"图层的湖水产生错位。

（3）新建图层，命名为"遮罩"，遮罩层动画的具体制作过程如下。

① 使用"矩形工具"在舞台上绘制多个细长的条纹，如图 2.2.39 所示；如果使用"线条工具"绘制，必须要转化为"填充"，因为线条不能做遮罩，如图 2.2.40 所示。

② 选中这些条纹，将其转换为影片剪辑元件"条纹遮罩"。

③ 在"遮罩"层的第 1 帧，使"条纹遮罩"与湖水底部对齐，如图 2.2.41 所示。

④ 在第 60 帧插入关键帧，使"条纹遮罩"与湖水顶部对齐，如图 2.2.42 所示。

⑤ 在第 1～60 帧右击,创建传统补间动画,"条纹遮罩"向下平移的动画就做好了。

⑥ 选中"遮罩"层,右击选择"遮罩层",将其设置为"水波 2"的遮罩层。

图 2.2.39　　　　　　　　　　　　图 2.2.40

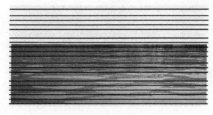

图 2.2.41

图 2.2.42

（4）新建图层,命名为"光晕 1";绘制一个与湖水等大的矩形,填充中间透明边缘为白色的径向渐变色,使湖水的边缘呈现白色朦胧效果,如图 2.2.43 所示。

（5）新建图层,命名为"光晕 2";绘制一个矩形,填充白色向透明渐变的线性渐变色,加强湖水上边缘的白色朦胧效果,如图 2.2.44 所示。至此,"水波荡漾"元件制作完成,图层结构如图 2.2.45 所示。

图 2.2.43

图 2.2.44

图 2.2.45

（6）回到主场景,新建图层,命名为"湖水"。将"水波荡漾"元件拖放到舞台上,设置显示属性为"正片叠底",如图 2.2.46 所示,边缘朦胧的湖水与文件背景颜色很好地融合在一起,如图 2.2.47 所示。

图 2.2.46

图 2.2.47

（三）小船摇动

（1）新建图形元件，命名为"船"，将"划船"图片放置在舞台中央；图片不能直接用来做补间动画，所以将其放入图形元件里面。

（2）新建影片剪辑元件，命名为"摇船"，小船轻轻摇动的动画制作过程如下。

① 将"船"图形元件放置在舞台中央，在第 15、30 帧处插入关键帧。

② 选中第 15 帧的对象，使用"任意变形工具"稍作旋转，如图 2.2.48 所示。

③ 在第 1～15 帧、第 15～30 帧创建传统补间动画，如图 2.2.49 所示。

图 2.2.48

图 2.2.49

（3）回到主场景，新建图层，将"摇船"元件拖放到舞台的右下角。

（4）新建图层，在舞台的右上角，书写竖排文字"江南五月，桃花雨的韵脚还没押完……"。至此，完成了《江南五月》课件作品，图层结构如图 2.2.50 所示。

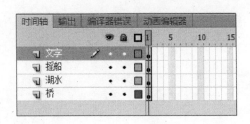
图 2.2.50

知识回顾

1. 影片剪辑元件可以设置变亮、变暗、正片叠底等混合效果，请阐述"正片叠底"的原理和效果。

2. 《将进酒》案例中文字逐笔慢慢出现的效果，是否可以采用遮罩动画技术来实现？请叙述理由。

实训三　引导路径动画制作基础

学习目标

(1) 了解"引导层"和"传统运动引导层"的区别。

(2) 理解引导路径动画的基本原理和操作方法。

(3) 理解图形元件循环属性的设置及应用。

(4) 能够熟练运用 Flash 软件完成《小球写字》动画作品的制作。

(5) 能够熟练运用 Flash 软件完成《圣诞快乐》动画作品的制作。

扫码下载源文件

一、引导路径动画

在生活中,有很多运动是弧线或不规则的,如月亮围绕地球旋转、鱼儿在大海里遨游、蝴蝶在花丛中飞舞等,Flash 通过引导路径动画,可以很容易实现这些曲线运动的效果。将一个或多个层链接到一个运动引导层,使一个或多个对象沿同一条路径运动的动画形式称为"引导路径动画"。这种动画技术常用于制作曲线或不规则运动,如图 2.3.1 所示。

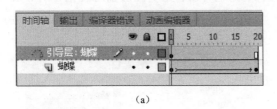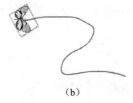

(a)　　　　　　　　　　　　　　　(b)

图 2.3.1

影片剪辑、图形元件、按钮、文字可以作为被引导层中的对象,但"形状"不可以作为被引导层中的对象。被引导的对象与路径的首尾进行对齐以后,创建传统补间动画,该对象就沿着路径运动起来。

引导层是一种特殊的图层,在该图层中需要为运动的对象绘制路径。使用钢笔工具、铅笔工具、线条工具、椭圆工具、矩形工具或画笔工具等绘制出的线条,都可以作为引导层中的路径,即引导线,它具有以下性质。

(1) 引导线在最终生成动画时是不可见的,引导线可以颜色形状各异。

(2) 引导线的起点和终点之间必须是连续的,不能间断,否则被引导对象将无法沿引导路径运动。

(3) 引导线必须是开放的路径,即有两个端点:起始点和终点。要制作沿环形运动的动画,可以先绘制环形路径,再用橡皮擦工具在环形路径上擦出一个缺口,如图 2.3.2 中的线条都可以作为引导线。

图 2.3.2

在 Flash 中,有两种创建引导路径的方法。

(1) 右击普通图层,选择"添加传统运动引导层",如图 2.3.3 所示,该图层的上面就会添加一个运动引导层,同时当前选中图层缩进为被引导层。

（2）右击普通图层，选择"引导层"，该图层就转化为引导图层，将普通图层拖拽至该图层下方，则两个图层分别改变为运动引导层和被引导层。

"运动引导层"和"引导层"是有区别的，如图 2.3.4 所示。"引导层"除了可以转化为"运动引导层"以外，还能辅助静态对象定位，作用类似于辅助线，而且图层的内容不会被输出。通常情况下，动画作品完成以后，不想输出但又不想删除的图层，也可以转化为引导层保留在源文件中。在动画作品调试时，也可以将某些图层临时转化为引导层，以更好地查看其他图层的动画效果。

图 2.3.3

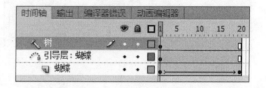

图 2.3.4

二、案例——小球写字

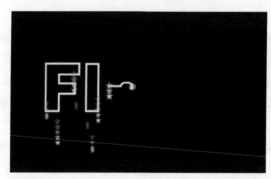

作品简介：这是一种常用的课件片头字幕动画效果，随着小球的移动，文字的边框慢慢出现；等所有的边框都出现以后，文字的填充色也慢慢出现；在小球移动过的地方，星光慢慢坠落，动画效果充满现代科技气息。本例综合运用了引导路径动画、遮罩动画和逐帧动画的基本原理。通过该范例的制作，能够更好地将路径引导动画和传统补间动画结合在一起，创造对象沿着固定轨迹运动的动画效果。

（一）文件设置和字体安装

（1）新建 Flash 文件，舞台大小为 500×300 像素，背景色为白色，帧频为 12 fps，保存文件为"小球写字.fla"。

（2）将图层 1 命名为"背景"，选择"矩形工具"，填充色为黑色，绘制与舞台大小一样无边框矩形。

（3）打开"Swiss 721 Black Outline BT"字体，单击"安装"按钮，如图 2.3.5 所示，则该字体自动安装到控制面板中的"字体"文件夹，如图 2.3.6 所示。

图 2.3.5　　　　　　　　　　　　　　　图 2.3.6

（二）小球位移动画

（1）新建图形元件，命名为"小球"，选择"椭圆工具"，按住 Shift 键在舞台中心绘制圆形，填充径向渐变色，中间为绿色，边缘为品红色，如图 2.3.7 和图 2.3.8 所示。

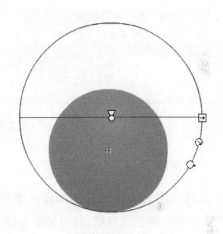

图 2.3.7　　　　　　　　　　　　　　　图 2.3.8

（2）在主场景中新建图层，命名为"小球"，将小球元件放置到这个图层上。

（3）在小球图层上右击，选择"添加传统运动引导层"，新图层名字自动命名为"引导层：小球"。

（4）在运动引导层上，制作小球运动的轨迹，如图 2.3.9 所示，制作过程如下。

① 输入字母"Flash"，字体为"Swiss 721 Black Outline BT"，字号为 100。

② 选择文字，执行两次"分离"命令（快捷键 Ctrl＋B），则文字从段落文字变成了形状。

③ 用橡皮擦工具在每个字母上擦出一个缺口，使其成为开放的路径。

图 2.3.9

（5）在小球图层上，即被引导图层，制作小球沿轨迹运动的过程，如图2.3.10 所示。

① 将小球放在字母"F"缺口的一端，中心点对准路径起始点。

② 在第14帧处按F6键，将小球元件放在字母缺口的另一端，中心点对准路径终点。

③ 在第1～14帧创建传统补间动画，则小球会自动按照线条的轨迹进行移动。

图 2.3.10

（6）同理，小球沿着"l""a""s""h"四个字母边框进行移动的动画，与上一步骤相同。小球沿"Flash"字母边框移动的动画图层结构如图2.3.11 所示。

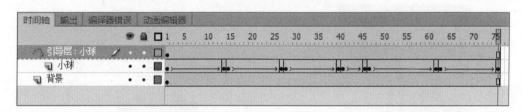

图 2.3.11

（三）文字写出动画

（1）新建图层，命名为"显字"，输入字母"Flash"，字体为"Swiss 721 Black Outline BT"，字号为100，颜色为白色，与引导层上的字母位置重合，并执行两次"分离"命令。

（2）在"显字"图层上方新建图层，右击将其转化为遮罩层，重命名为"逐帧遮罩"；选择"刷子工具"，设置合适的刷子形状及大小，在第1帧上，根据小球运动轨迹描绘字母"F"，在第2帧上建立关键帧，继续根据小球运动轨迹描绘字母"F"……直到第14帧，整个字母"F"被描绘完成，如图2.3.12 所示。注意刷子描绘的位置不能超出小球运动的位置。

图 2.3.12

（3）"l""a""s""h"四个字母的描绘方法与上一步骤相同，即用刷子工具不断描绘字母的轮廓，使遮罩层下面的文字逐渐显现，图层结构如图2.3.13 所示。

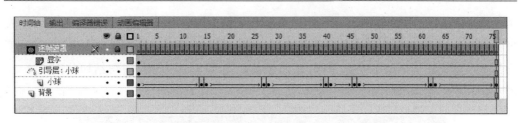

图 2.3.13

（四）星光残影动画

（1）新建图形元件，命名为"星星"。选择"多角星形工具"，如图 2.3.14 所示；在属性面板中单击"选项"按钮，设置边数为 5，星形顶点大小为 0.5，如图 2.3.15 所示；在舞台中心绘制五角星，填充颜色为黄色，如图 2.3.16 所示。

图 2.3.14　　　　　　　图 2.3.15　　　　　　　图 2.3.16

（2）新建影片剪辑元件，命名为"星星残影"。

① 将星星元件放置在图层 1 第 1 帧。

② 在第 13 帧插入关键帧，将星星的位置向下移动一段距离，并使用"任意变形工具"将其缩小一点，在属性面板中设置其 Alpha 为 0%。

③ 在第 1～13 帧创建传统补间动画，实现一颗星星坠落并逐渐消失的动画。

（3）选中图层 1 的第 1～13 帧，右击，选择"复制帧"，如图 2.3.17 所示；在图层 2 的第 2 帧上右击，选择"粘贴帧"，则图层 1 的动画效果就复制到了图层 2 中；同理，图层 3～5 上的动画也都通过"粘贴帧"的方法来制作，图层结构如图 2.3.18 所示。

（4）将图层 2～5 上动画起始帧的星星元件，Alpha 值设置为 80%、60%、40%、20%，即后面的每颗星星都比前面的透明度低一些。

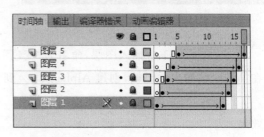

图 2.3.17　　　　　　　　　　　图 2.3.18

(5) 在场景 1 中新建图层,命名为"星星",根据小球运动的轨迹,将星星残影元件放置在文字边框上;每隔几帧插入一个关键帧,继续将星星残影元件放置到文字边框上;平均每个字母放置 4 个星星残影元件,画面效果如图 2.3.19 所示,图层结构如图 2.3.20 所示。

图 2.3.19

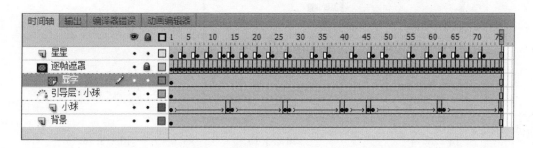

图 2.3.20

(五)文字变色

(1) 新建图形元件,命名为"蓝色字",输入字母"Flash",字体为"Swiss 721 Black Outline BT",字号为 100,如图 2.3.21 所示。对文字执行两次"分离"命令,填充颜色为蓝色,如图 2.3.22 所示。最后删除字母的轮廓线。

图 2.3.21

图 2.3.22

(2) 在场景 1 中插入图层,命名为"变色"。在第 76 帧插入关键帧,放置蓝色字元件,在第 100 帧插入关键帧,创建 Alpha 从 0% 到 100% 渐变的传统补间动画。

(3) 至此,完成了小球写字的动画制作。按快捷键 Ctrl + Enter 测试影片,观察动画效果。

三、案例——圣诞快乐

作品简介：摇曳的风铃、漫天飘舞的雪花、红色主题的背景色，画面中充满了圣诞节的气息。本例运用了引导路径动画的基本原理，结合图形元件的循环属性，实现了错落有致的循环动画效果。通过该范例的制作，能更好地理解图形元件和影片剪辑元件的区别，以及路径引导动画结合传统补间动画所实现的曲线运动效果。

（一）文件设置和背景绘制

（1）新建 Flash 文件，舞台大小为 550×400 像素，背景色为白色，帧频为 12 fps，保存文件为"圣诞快乐.fla"。

（2）新建图形元件，命名为"背景"。将"背景"元件的图层 1 命名为"背景"，绘制一个矩形，填充径向渐变色，颜色分别为 RGB(203,33,47)的浅红色和 RGB(134,4,5)的深红色。

（3）新建图层"地面"，绘制白色弧线形地面，填充为白色，如图 2.3.23 所示。

（4）新建图层"树"，使用绘图工具，绘制圣诞树，填充为白色，并在树枝的末端添加一些白色的积雪，如图 2.3.24 所示；新建图层"房子"，使用绘图工具绘制房子，同理在房顶绘制一些白色的积雪，如图 2.3.25 所示。

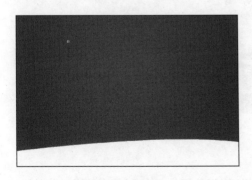

图 2.3.23　　　　　　　　　图 2.3.24　　　　　　　　　图 2.3.25

（5）调整图层顺序，将"地面"图层放到最上面，图层结构如图 2.3.26 所示，背景制作完成,如图 2.3.27 所示。

图 2.3.26　　　　　　　　　　　图 2.3.27

(6) 回到场景 1,将"背景"元件放置在图层 1 上,并修改图层名字为"背景"。

(二) 兔子动画

(1) 新建图形元件,命名为"小兔侧面"。分别在不同的图层上,使用圆形工具、铅笔工具绘制小兔子的头,如图 2.3.28 所示。

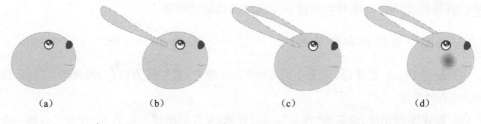

（a）　　　　　（b）　　　　　（c）　　　　　（d）

图 2.3.28

(2) 继续新建图层,使用线条工具、铅笔工具绘制小兔子的身体、手臂和腿,调整图层顺序,如图 2.3.29 所示。

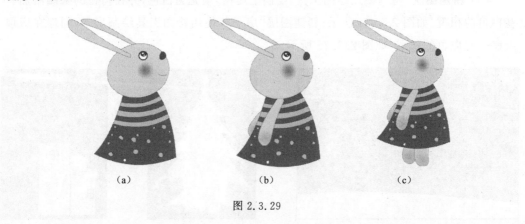

（a）　　　　　　　（b）　　　　　　　（c）

图 2.3.29

(3) 新建图形元件,命名为"围巾",在元件内部,使用绘图工具绘制三个形状,分别放置在三个图层上,如图 2.3.30 和图 2.3.31 所示。

图 2.3.30　　　　　　　　　　图 2.3.31

（4）以其中的一个图层为例，在第 20 帧插入关键帧，使得第 1 帧和第 20 帧的内容相同；然后回到第 7 帧，插入关键帧，使用选择工具拖拽形状的边缘，改变其形态，如图 2.3.32 所示；在各关键帧之间创建补间形状动画，如图 2.3.33 所示。

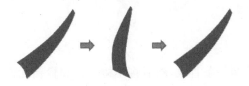

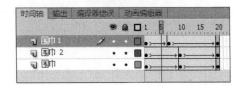

图 2.3.32　　　　　　　　　　图 2.3.33

（5）回到"小兔侧面"元件，将"围巾"元件放置在合适的位置，如图 2.3.34 所示；将时间轴延长到第 20 帧，以确保围巾图形元件能够正常播放，如图 2.3.35 所示。

图 2.3.34　　　　　　　　　　图 2.3.35

（三）风铃摇曳

（1）新建图形元件，命名为"小树"，在元件内部，使用线条工具绘制圣诞树，填充 RGB 值为(128,166,64)的绿色，如图 2.3.36 所示；复制一棵圣诞树，并将其位置向右下方进行微移，填充 RGB 值为(44,49,30)的墨绿色，如图 2.3.37 所示；在圣诞树上绘制白色的小圆形，如图 2.3.38 所示。

图 2.3.36　　　　　　图 2.3.37　　　　　　图 2.3.38

（2）新建图形元件，命名为"铃铛"，在元件内部，使用椭圆工具和线条工具，绘制铃铛的形状，并填充黄色到橙色的渐变色。所有的线条都设置为 Alpha 为 35％的黑色。铃铛的绘制过程如图 2.3.39 所示。

     (a)   (b)   (c)

图 2.3.39

（3）新建图形元件，命名为"一串风铃"。绘制一条直线，然后将小树元件和铃铛元件拖放到直线的位置上，使用任意变形工具改变铃铛悬挂的角度，如图 2.3.40 所示。

（4）新建图形元件，命名为"风铃摇晃"。

① 将一串风铃放到舞台上，使用任意变形工具修改其中心点，使风铃摇晃时围绕着线条最上面的固定点运动。

② 将风铃稍微向左旋转一定的角度，如图 2.3.41 所示，在第 35 帧处插入关键帧。

③ 在第 18 帧插入关键帧，将风铃稍微向右旋转一定的角度，如图 2.3.42 所示；在各关键帧之间创建传统补间动画。

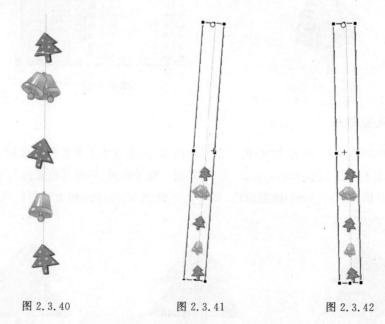

    图 2.3.40   图 2.3.41   图 2.3.42

（5）新建图形元件，命名为"风铃组合"。在舞台上放置 9 个风铃摇晃元件的实例，如图 2.3.43 所示，调整大小和位置，并稍作旋转；选择每个实例，在属性面板中设置其属性，选择"循环"，从第 n 帧开始运行，n 设置为 1～10 的随机数，如图 2.3.44 所示。

图 2.3.43　　　　　　　　　　　　　图 2.3.44

（6）将时间轴延续到第 35 帧，保证图形元件能够正常运行。按 Enter 键可以在时间轴上查看动画效果。

（四）雪花飘舞

（1）新建图形元件，命名为"雪花"，在元件内部，使用刷子工具绘制雪花的形状，如图 2.3.45 所示。

（2）新建图形元件，命名为"下雪 1"，制作一片雪花掉落的动画效果，如图 2.3.46 所示，过程如下。

图 2.3.45　　　　　　　　　　　　　图 2.3.46

① 将图层 1 命名为"雪花"，将雪花元件放置在舞台中央。

② 在雪花图层上方添加传统运动引导层，绘制一个"S"形的曲线；将第 1 帧的雪花，对齐曲线的上端点；在第 35 帧插入关键帧，并将雪花对齐曲线的下端点。

③ 在雪花图层的第 1～35 帧创建传统补间动画，如图 2.3.47 所示。

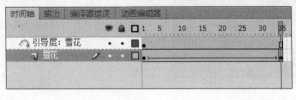

图 2.3.47

（3）新建图形元件，命名为"下雪 2"，制作一串雪花源源不断掉落的效果，如图 2.3.48 所示。

① 将下雪 1 元件放置到图层 1 上，并将时间轴延续到 35 帧。

② 将图层 1 复制到图层 2～4，如图 2.3.49 所示。

③ 选择图层 1，选择舞台上下雪元件，设置其从第 1 帧开始循环。

④ 选择图层 2，选择舞台上下雪元件，设置其从第 12 帧开始循环。

⑤ 选择图层 3，选择舞台上下雪元件，设置其从第 24 帧开始循环。

⑥ 选择图层 3，选择舞台上下雪元件，设置其从第 30 帧开始循环。

⑦ 按 Enter 键测试，发现一串雪花源源不断地掉落下来。

图 2.3.48   图 2.3.49

（4）新建图形元件，命名为"下雪 3"，制作很多串雪花掉落的动画效果，如图 2.3.50 所示。

① 根据近大远小的透视规律，分别创建大雪、中雪、小雪三个图层，并将时间轴延续到 35 帧。

② 将下雪 2 元件拖放到舞台上，调整到合适大小，分别放到上述三个图层中。

③ 选中舞台上的实例，设置其属性从第 n 帧开始循环，n 为 1～15 的随机数即可，如图 2.3.51 所示。

④ 参照场景舞台的尺寸调整实例的位置，使一串串的雪花排列得疏密有致。如果发现雪花运动的路径超出舞台高度很多，需要重新返回"下雪 1"元件进行修改。

⑤ 按 Enter 键测试，查看动画效果，发现很多雪花源源不断地从舞台上方掉落下来。

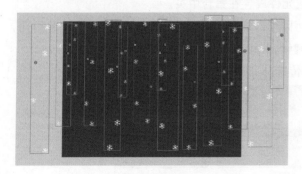

图 2.3.50   图 2.3.51

（五）作品合成

（1）回到场景1，将做好的"背景""风铃组合""小兔侧面""下雪3"按照先后顺序放置到相应的图层中。

（2）将时间轴延续到35帧。至此，整个作品完成，按快捷键Ctrl＋Enter可以测试动画效果，如图2.3.52所示。

图2.3.52

知识拓展

1. 传统运动引导层能制作曲线运动效果，补间动画也能使对象做曲线运动，两者在操作方法和动画效果上有什么区别？

2. 图形元件可以设置从任意帧开始运行。这一独特的属性，可以使图形元件制作一些特殊的动画效果，如漫天飞舞的雪花、此起彼伏的音乐柱状频谱、颜色不断交替变换的霓虹灯、群星闪耀的夜空等。根据这一原理尝试完成下面的动画效果。

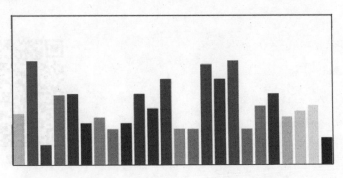

实训四　角色动画制作基础

学习目标

（1）了解自然界常见的角色运动规律，如人物走路、小鸟飞翔等。

（2）理解骨骼动画的基本原理及操作方法。

（3）能够熟练运用 Flash 软件完成《青蛙跳跃》作品的制作。

（4）能够熟练运用 Flash 软件完成《人物行走》作品的制作。

扫 码 下 载 源 文 件

一、行走的动作规律

在动画作品的制作过程中,经常需要制作一些角色动画,如游泳的乌龟、行走的人、跳跃的青蛙、飞翔的小鸟、奔跑的马儿……制作这些角色动画,不仅需要绘制精美的元件,还需要了解其运动规律,将一个复杂的动画分为若干个子动作来完成,才能完成逼真的动画效果。在制作角色动画的过程中,一定要掌握好"度",即在绘图复杂性与动作复杂性之间做出权衡,因为绘制精美的元件难以实现复杂的动作,反之绘制粗糙的元件即使实现了复杂的动作,动画效果也是欠佳的。

走路是人物角色最常见的动作。在动画设计中,走路的动作有两种表现方法,一种是按照运动规律来设计常规走路动作,另一种就是打破常规规律设计个性化的走路动作。走路的基本规律:左右两脚交替向前,为了求得平衡,当左脚向前迈步时左手向后摆动,右脚向前迈步时右手向后摆动,如图 2.4.1 所示。

(a)　　　　(b)　　　　(c)　　　　(d)

图 2.4.1

人在奔跑中的基本规律与走路相似,走路的动作掌握好,奔跑也就不难理解了。唯一的区别就是跑步的动作幅度要比走路大很多,身体中心前倾,手臂呈弯曲状,双手自然紧握,手臂配合双腿的胯部前后摆动,动作幅度大,腿抬得较高,头高低的波形运行线也比走路明显,双脚几乎没有着地的机会,这也是跑步和走路的最大区别,如图 2.4.2 所示。

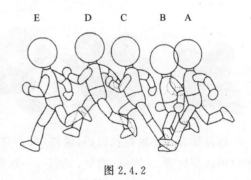

图 2.4.2

二、骨骼动画

在动画设计软件中,运动学系统分为正向运动学和反向运动学两种。正向运动学指的是对于有层级关系的对象,父对象的动作将影响到子对象,而子对象的动作将不会对父对象造成任何影响。与正向运动学不同,反向运动学动作传递是双向的,当父对象进行位移、旋转或缩放等动作时,其子对象会受到这些动作的影响,反之,子对象的动作也将影响到父对象。反向运动是通过一种连接各种物体的辅助工具来实现的运动,这种工具就是 IK 骨骼,也称为反向运动骨骼。使用 IK 骨骼制作的反向运动学动画,就是所谓的骨骼动画。

　　Flash 骨骼工具提供了对骨骼动力学的有力支持,采用反动力学原理,利用骨骼工具可实现多个符号或物体的动力学连动状态。Flash 中创建骨骼动画一般有两种方式。一种方式是为元件实例添加与其他元件实例相连接的骨骼,使用关节连接这些骨骼,骨骼允许实例连在一起进行运动,如图 2.4.3 所示。另一种方式是在形状对象(即各种矢量图形对象)的内部添加骨骼,通过骨骼来移动形状的各个部分以实现动画效果,这样操作的优势是不需要使用补间形状来创建动画。

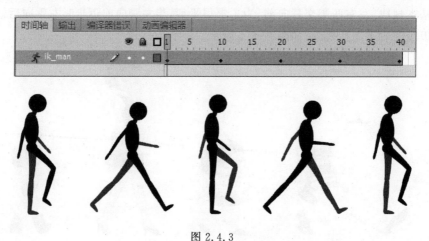

图 2.4.3

三、案例——青蛙跳跃

　　作品简介:《小蝌蚪找妈妈》课件中,一只活泼可爱的青蛙在荷叶上跳来跳去,一群小蝌蚪围在荷叶旁,大声喊:妈妈,妈妈……本例综合运用了绘图、逐帧动画和传统补间动画技术,制作栩栩如生的青蛙跳跃动画效果。

　　(一)文件设置和元件制作

　　(1) 新建 Flash 文件,舞台大小为 $550×400$ 像素,背景色为白色,帧频为 24fps,保存文件为"青蛙跳跃.fla"。

（2）依次绘制青蛙的头、肚子、前腿和后腿的图形元件。因为青蛙跳起来以后，四肢伸开，身体发生了形变，所以需要绘制不同状态的肚子和后腿，如表 2.4.1 所示。

表 2.4.1

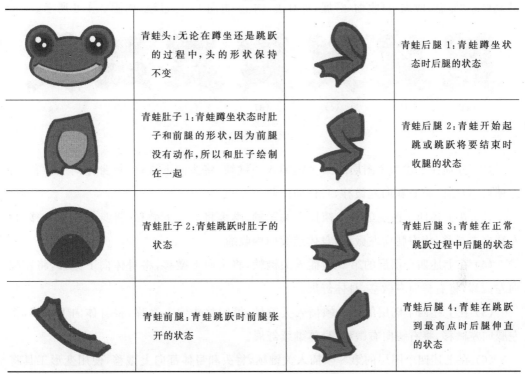

青蛙头	青蛙头：无论在蹲坐还是跳跃的过程中，头的形状保持不变	青蛙后腿	青蛙后腿 1：青蛙蹲坐状态时后腿的状态
青蛙肚子 1	青蛙肚子 1：青蛙蹲坐状态时肚子和前腿的形状，因为前腿没有动作，所以和肚子绘制在一起	青蛙后腿	青蛙后腿 2：青蛙开始起跳或跳跃将要结束时收腿的状态
青蛙肚子 2	青蛙肚子 2：青蛙跳跃时肚子的状态	青蛙后腿	青蛙后腿 3：青蛙在正常跳跃过程中后腿的状态
青蛙前腿	青蛙前腿：青蛙跳跃时前腿张开的状态	青蛙后腿	青蛙后腿 4：青蛙在跳跃到最高点时后腿伸直的状态

（二）蹲坐的青蛙

（1）新建影片剪辑元件，命名为"青蛙跳跃"，进入元件内部并新建图层"头"，将"青蛙头"元件放在第 1 帧，置于舞台中央。

（2）新建图层"肚子 1"，将"青蛙肚子 1"元件放在第 1 帧。

（3）新建图层"左后腿蹲坐"，将"青蛙后腿 1"元件放在第 1 帧。

（4）新建图层"右后腿蹲坐"，将"青蛙后腿 1"元件放在第 1 帧，并进行水平翻转。

（5）调整上述四个对象的位置和大小，组合成一个完成的青蛙，效果如图 2.4.4 所示，图层结构如图 2.4.5 所示。

图 2.4.4

图 2.4.5

（三）预备动作

（1）青蛙在起跳前,收缩身体,集中力量,纵深一跃。所以在起跳前的阶段,青蛙身体的动画是"正常-收缩-再收缩-舒展-再舒展-向上-再向上"的过程,如图 2.4.6 所示。

　　(a)　　　　(b)　　　　(c)　　　　(d)　　　　(e)　　　　(f)　　　　(g)

图 2.4.6

（2）分别在上述四个图层的第 2 帧插入关键帧,将头向下微移,将身体向上微移,将左腿向右微移,将右腿向左微移,身体向内收缩。

（3）在上述四个图层的第 4 帧插入关键帧,继续将头向下微移,将身体向上微移,将左腿向右微移,将右腿向左微移,身体继续向内收缩。

（4）在上述四个图层的第 6 帧插入关键帧,将头向上微移,将身体向下微移,将左腿向左微移,将右腿向右微移,身体舒展。

（5）在上述四个图层的第 7 帧插入关键帧,继续将头向上微移,将身体向下微移,将左腿向左微移,将右腿向右微移,身体继续舒展。

（6）在上述四个图层的第 8 帧插入关键帧,将头和身体都向上微移,使用变形工具将左腿和右腿的中心点调整到脚尖位置,并进行纵向的拉伸,身体有向上的趋势,但是脚尖没有离开原来的位置。

（7）在上述四个图层的第 9 帧插入关键帧,继续将头和身体向上微移,将左腿和右腿进行纵向的拉伸,脚尖仍然没有离开原来的位置。

（四）起跳动作

（1）青蛙在起跳过程中,前腿张开,后腿逐渐伸展,速度由快变慢,升至最高点速度变为 0,略微的停顿后逐渐收缩身体,速度由慢变快,降落回原来的位置。

（2）新建图层"肚子 2",将"青蛙肚子 2"元件放在第 10 帧。

（3）新建图层"左前腿",将"青蛙前腿"元件放在第 10 帧。同理,新建图层"右前腿",将"青蛙前腿"元件放在第 10 帧,并进行水平翻转。

（4）新建图层"左后腿张开",将"青蛙后腿 1"元件放在第 10 帧。同理,新建图层"右后腿张开",将"青蛙后腿 1"元件放在第 10 帧,并进行水平翻转。

（5）在"头"图层的第 10 帧插入关键帧,将头向上微移。画面效果如图 2.4.7 所示,图层结构如图 2.4.8 所示。

图 2.4.7　　　　　　　　　　　　　　　　　　　　图 2.4.8

（6）将"肚子1""左后腿蹲坐""右后腿蹲坐"图层锁定。选中舞台上所有的对象，在第 11 帧处插入关键帧，向上移动一段距离，并轻微向右旋转一点。选中青蛙的后腿，在属性面板上将其交换为"青蛙后腿 2"，如图 2.4.9 和图 2.4.10 所示。

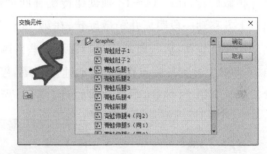

图 2.4.9　　　　　　　　　　　　　　　　　　　　图 2.4.10

（7）选中舞台上所有的对象，在第 12 帧处插入关键帧，向上移动一段距离，并轻微向右旋转一点。选中青蛙的后腿，在属性面板上将其交换为"青蛙后腿 3"，如图 2.4.11 所示。

（8）选中舞台上所有的对象，在第 13 帧处插入关键帧，将青蛙继续向上移动，如图 2.4.12 所示。

（9）选中舞台上所有的对象，在第 14 帧处插入关键帧，向上移动一段距离，并轻微向右旋转一点。选中青蛙的后腿，在属性面板上将其交换为"青蛙后腿 4"，如图 2.4.13 所示。至此，图层结构如图 2.4.14 所示。

图 2.4.11　　　　　　　　　　图 2.4.12　　　　　　　　　　图 2.4.13

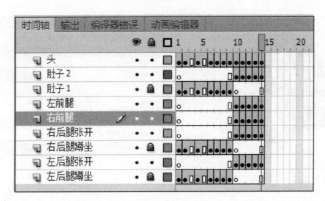

图 2.4.14

（10）选中舞台上所有的对象，在第 18 帧处插入关键帧，将青蛙继续向右上方移动一段距离并稍微旋转，在第 14～18 帧创建传统补间动画；在第 25 帧处插入关键帧，将青蛙继续向右上方移动一段距离并稍微旋转，在第 18～25 帧创建传统补间动画。注意，前一段补间运动速度快些，后一段补间运行速度慢些。画面效果如图 2.4.15 所示。

（11）青蛙上升到最高点以后，运动速度为零，停留片刻。在第 28 帧处插入帧，将前面的状态延续到第 28 帧处，图层结构如图 2.4.16 所示。

图 2.4.15

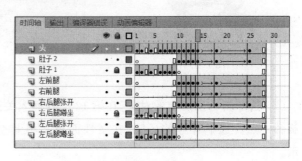

图 2.4.16

（五）降落动作

（1）降落过程与起跳过程正好相反，后腿慢慢收缩落回原地。选中舞台上所有的对象，在第 29 帧处插入关键帧，并向左下方移动一段距离，如图 2.4.17 所示。

（2）选中舞台上所有的对象，在第 30 帧处插入关键帧，并向左下方移动一段距离。选中青蛙的后腿，将其交换为"青蛙后腿 3"，如图 2.4.18 所示。

（3）选中舞台上所有的对象，在第 32 帧处插入关键帧，并向左下方移动一段距离。选中青蛙的后腿，将其交换为"青蛙后腿 2"，如图 2.4.19 所示。

（4）选中舞台上所有的对象，在第 34 帧处插入关键帧，并向左下方移动一段距离。选中青蛙的后腿，将其交换为"青蛙后腿 1"，如图 2.4.20 所示。

（5）选中舞台上所有的对象，在第 39 帧处插入关键帧，并向左下方移动，接近于青蛙起跳前的位置。在第 34～39 帧创建传统补间动画,图层结构如图 2.4.21 所示。

图 2.4.17　　　　　图 2.4.18　　　　　图 2.4.19　　　　　图 2.4.20

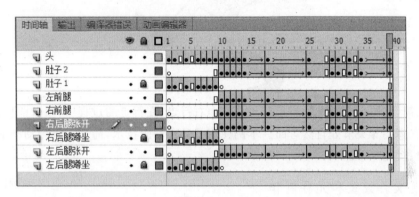

图 2.4.21

（六）恢复动作

（1）青蛙落地以后的恢复动作与预备动作正好相反。将"头""肚子 1""左后腿蹲坐""右后腿蹲坐"图层解锁,其他图层锁定。

（2）在"头"图层上,将第 1～9 帧选中并复制帧,然后选中第 40 帧,右击进行粘贴帧,继续右击执行"翻转帧"命令。

（3）"肚子 1""左后腿蹲坐""右后腿蹲坐"图层的操作方法同上,将第 1～9 帧选中并复制帧,然后选中第 40 帧,右击进行粘贴帧,继续右击执行"翻转帧"命令。

（4）在上述四个图层的第 80 帧处插入帧,将蹲坐的状态延续下来。至此,完成了青蛙完整的跳跃动作,图层结构如图 2.4.22 所示。

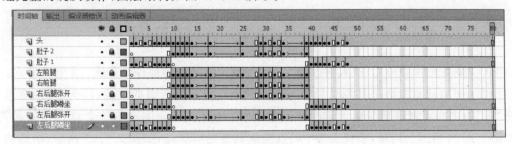

图 2.4.22

四、案例——人物行走

作品简介：一个卡通人物昂首阔步从左向右行走，在行走的过程中，手臂前后摆动，臂肘、膝盖和脚尖等关节处自然弯曲。本例使用了骨骼动画技术，简化了逐帧动画中反复绘图的冗繁过程。

（一）文件设置和元件制作

（1）新建 Flash 文件，舞台大小为 550×400 像素，背景色为白色，帧频为 24 fps，保存文件为"人物行走.fla"。

（2）依次绘制头、身体躯干、手臂上、手臂下、大腿、小腿、鞋尖等影片剪辑元件，如图 2.4.23 所示。

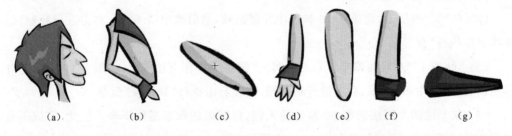

(a)   (b)   (c)   (d)   (e)   (f)   (g)

图 2.4.23

（二）调整中心点

（1）新建影片剪辑元件"人物行走"，在第 1 帧上将各身体部件组合成一个完整的人。

（2）使用任意变形工具调整每个元件的中心点到关节弯曲的位置，以头为例，应该将"头"的中心点调整到与躯干相连的位置，动画过程中头会围绕着这个点稍作转动，如图 2.4.24 所示。同理，手臂上的中心点应该调整到肩膀处，如图 2.4.25 所示，小腿的中心点调整到膝盖处，如图 2.4.26 所示。

图 2.4.24　　　　　　　　图 2.4.25　　　　　　　　图 2.4.26

（三）制作骨架

（1）选择"骨骼工具"，以躯干为中心，分别将"躯干-头""躯干-大腿""大腿-小腿""小腿-鞋尖""头-手臂上""手臂上-手臂下"连接起来。注意手臂并没有直接连接在躯干上，而是连在头上，因为距离躯干的中心点的位置有点远。连接过程如图 2.4.27 和图 2.4.28 所示。

（2）如果在制作骨架的过程中出现失误，如大腿和小腿连接的位置不是关节处，如图 2.4.29 所示，可以使用"任意变形工具"重新调整小腿元件的中心点，骨骼会自动跟着改变。

图 2.4.27　　　　　　　　图 2.4.28　　　　　　　　图 2.4.29

（3）在制作骨架过程中，对象的层次会发生改变，如果创建骨骼的顺序是右腿先左腿后，那么左腿就会出现在顶层。同理，如果最后为左手建立骨骼，左手也会出现在顶层，如图 2.4.30 所示。所以需要右击选择"排列"命令中的"移至底层"来调整对象的层次，如图 2.4.31 所示。

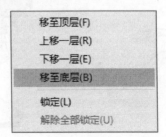

图 2.4.30　　　　　　　　　　　图 2.4.31

（四）制作骨骼动画

（1）将第 1 帧的骨骼连接好以后，会自动生成骨架层，在第 25 帧处插入姿势，第 1 帧的状态就复制到了第 25 帧中，完成一个完整周期的行走。

（2）在骨架层第 13 帧中插入姿势，左腿和右腿的位置进行交换，手臂向后摆动，右脚鞋尖发生弯曲。

（3）在骨架层第 7 帧中插入姿势，调整手臂和腿的姿势，头略向前倾，身体相对来说会高一些。

（4）在骨架层第 19 帧中插入姿势，调整手臂和腿的姿势，头略向前倾，身体相对来说会高一些。

（5）第 1、7、13、19、25 帧的姿势如图 2.4.32 所示，完成了一个走路动作的循环。

（a）　　　　　　（b）　　　　　　（c）　　　　　　（d）　　　　　　（e）

图 2.4.32

（6）改变人物姿势过程时，可以使用"选择工具"直接拖动元件，那么与其相连的其他元件也都跟着一起移动，如图 2.4.33 所示。如果只想移动当前元件而不想移动与其相连的上一级元件，按住 Shift 键进行拖动即可，如图 2.4.34 所示。如果产生失误，如使头部产生错位，如图 2.4.35 所示，无法通过操纵骨骼返回原来的位置，可以使用"任意变形工具"来移动元件的位置。总之，初学者需要适应骨骼工具的使用方法，才能避免"牵一发而动全身"。

图 2.4.33　　　　　　　　　图 2.4.34　　　　　　　　　图 2.4.35

（7）最后根据人物走路的节奏改变关键帧之间的距离，如果想让人物走得快一些，就缩短距离，如果想让人物走得慢一些，就增加距离，如图 2.4.36 所示。至此，完成了人物走路过程的动画制作。

图 2.4.36

知识拓展

根据运动规律，使用骨骼动画技术，制作挖土机工作的动画过程。

实训五　按钮交互动画制作基础

学习目标

（1）了解按钮元件的构成及创建方法。

（2）了解"侦听"的含义和"代码片段"面板的用途。

（3）能够灵活运用 Flash 软件完成《春天来啦》动画作品的制作。

（4）能够灵活运用 Flash 软件完成《动感按钮》动画作品的制作。

扫码下载源文件

一、按钮的基本原理和操作方法

（一）按钮的功能

按钮是一种特殊的元件，在 Flash 课件作品中应用十分广泛，例如，使用按钮导航来链接课件的各个功能模块，使用按钮来控制课件的播放（PLAY）和返回（REPLAY）等，可以说，按钮是实现课件作品交互功能的重要基础，是执行事件响应的主要对象。

在 Adobe Flash CS3 以后的软件版本中，按钮的设计方法没有太大变化，但是执行按钮的触发事件的脚本语言从原来的 ActionScript 2.0 升级为 ActionScript 3.0，动作脚本的使用方法发生了改变。在 ActionScript 2.0 中，按钮实例可以不命名，脚本语言直接写在按钮上；而在 ActionScipt 3.0 中，按钮实例必须命名，脚本语言直接写在关键帧上，选择关键帧并按 F9 键，之后便可在弹出的动作面板中输入动作脚本语言。

（二）按钮的形式与构成

从外观上，按钮可以是任何形式，如图 2.5.1 所示，可以是位图，也可以是矢量图；可以是矩形，也可以是多边形；可以是一根线条，也可以是一个线框；可以是文字，甚至还可以是看不见的"透明按钮"，需要根据用途来制作按钮的外观，例如，《将进酒》范例中就使用过透明按钮，来实现单击任意位置进行页面的跳转。

图 2.5.1

按钮实际上是一个 4 帧的影片剪辑，这 4 帧分别代表按钮的不同状态，如图 2.5.2 所示。根据实际的需要，可以在按钮元件内部的图层中添加音效、文字、图片、图形等，制作丰富多彩的按钮样式。

（1）"弹起"帧：表示鼠标指针不在按钮上时的状态。

（2）"指针经过"帧：表示鼠标指针在按钮上时的状态。

（3）"按下"帧：表示单击按钮时的状态。

（4）"点击"帧：定义对鼠标做出响应的区域，这个响应区域在影片播放时是看不到的。

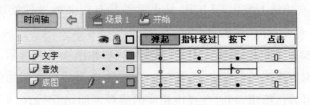

图 2.5.2

（三）按钮的创建方法

（1）公用库。Adobe Flash CS6 的窗口菜单中有一个公用库,里面有很多精美的按钮,可以直接调用元件,或在此基础上进行修改,以提高工作效率。执行"窗口"→"公用库"→"按钮"命令,弹出外部库面板,如选择"classic buttons"→"Arcade buttons",选择一个按钮拖入舞台即可编辑使用,如图 2.5.3 所示。

（2）创建按钮。选择"插入"菜单的"新建元件",在"创建新元件"对话框中,输入新按钮元件的名称,"类型"选择"按钮"即可。也可选中需要转换为按钮的对象,右击选择"转换为元件",弹出"转换为元件"对话框,选择"按钮"类型即可,如图 2.5.4 所示。

图 2.5.3

图 2.5.4

（四）动作脚本

制作完成的按钮,还不能实现播放、返回、跳转等功能,需要在场景的时间轴上写上"命令",才能够让按钮去执行相应的动作。例如,要完成"单击跳转到第 5 帧"这样一个命令,需要以下几个步骤。

（1）将按钮元件放到舞台上并给实例进行命名,如 button1。

（2）选择按钮所在场景或元件的时间轴,在第 1 帧上右击,选择"动作"。

（3）在动作面板中给 button1 添加 EventListener,侦听 CLICK 这样的 MouseEvent 事件。

（4）一旦鼠标在按钮上发生 CLICK,马上就委托自定义的事件处理函数 jumpTo 去执行 gotoAndPlay 命令,即跳转到第 5 帧。

Flash CS6 的窗口菜单中有一个"代码片断"面板,如图 2.5.5 所示,是软件预设的功能,可以让不擅长编写代码的初学者,为任何一个按钮或影片剪辑添加需要的代码,非常方便,稍作修改即可为己所用,同时还提供相应的解释说明,如图 2.5.6 所示。

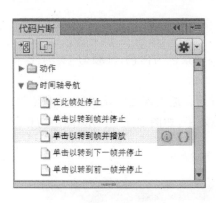

图 2.5.5   图 2.5.6

程序代码也可以完全手工录入,形式更加灵活多样。初学者在手工录入过程中需要注意几个事项。

(1) 系统关键字和自定义变量或函数的区别,在 ActionScript 3.0 中,系统关键字使用蓝色进行标识,如果输入错误将 addEventListener 写成了 AddEventListener,则会变成黑色,表明已经输入错误,系统不识别。

(2) ActionScript 3.0 是一种区分大小写的语言,其语法规则为"aBC"式,即系统关键字由几个单词构成时,第一个单词首字母是小写,后面的单词首字母是大写,如gotoAndPlay。

(3) 标点符号均为英文输入状态下的标点符号,输入中文标点符号程序不能正常运行。

二、案例——春天来啦

作品简介:本例绘制了一个春天桃花朵朵的场景,并创建信封样式的按钮,实现音乐的播放及文字的出现,给人一种惊喜和期待之感,特别适合做贺卡风格的课件作品。本例主要运用了按钮技术,实现画面的跳转。

（一）文件设置和背景绘制

（1）新建 Flash 文件，文件大小为 420×300 像素，背景色为白色，帧频为 24fps，保存文件为"春天来啦. fla"。

（2）新建影片剪辑元件，命名为"蓝天草地"，作为背景。进入该元件，绘制蓝天和草地。其中草地部分也为影片剪辑元件，并设置了"模糊"滤镜效果，如图 2.5.7 所示，图层结构如图 2.5.8 所示。

图 2.5.7

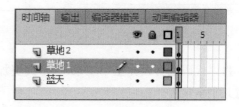

图 2.5.8

（3）新建影片剪辑元件，命名为"云"，使用无边框圆形色块堆积成云朵形状；使用墨水瓶工具添加边框后，将色块删除；并使用刷子工具填充一些白色的小点作为装饰。过程如图 2.5.9 所示。

图 2.5.9

（4）回到场景 1，将"蓝天草地"和"云"放置在舞台上，并为云设置"模糊"滤镜效果，增加一些朦胧感。

（二）花树的制作

（1）新建图形元件，命名为"桃花"，使用铅笔工具制作花朵的形状，效果如图 2.5.10 所示，图层结构如图 2.5.11 所示。

（2）新建图形元件，命名为"枝条"，使用铅笔工具绘制枝条的形状，如图 2.5.12 所示。

图 2.5.10

图 2.5.11

图 2.5.12

（3）新建图形元件,命名为"花树",将"枝条"放到该元件中,然后将"桃花"放入该元件中,并大量复制,错落有致地进行摆放,如图 2.5.13 所示。

（4）选中一些桃花,将其色彩效果属性进行修改,提高亮度,使其颜色变浅,这样画面效果会更加丰富,如图 2.5.14 所示。

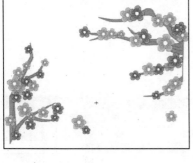

图 2.5.13

图 2.5.14

（5）回到场景 1,将"花树"放置在舞台上,调整合适的位置和比例。

（三）信封按钮的制作

（1）新建影片剪辑元件"信封关闭",使用基本矩形工具绘制略有圆角的信封形状,绘图过程如图 2.5.15 所示。

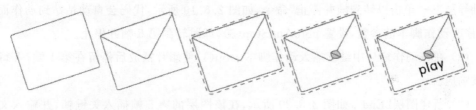

图 2.5.15

（2）将"信封关闭"元件进行复制,并重命名为"信封打开",在原来的基础上进行修改,以确保尺寸的一致性,如图 2.5.16 所示。

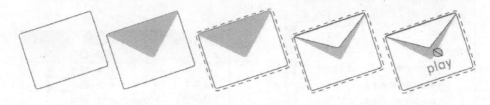

图 2.5.16

（3）新建按钮元件,命名为"信封按钮"。在按钮内部的弹起帧,将"信封关闭"元件拖放到舞台上;在指针经过帧上插入关键帧,选中"信封关闭"元件,在属性面板中将其交换

为"信封打开"元件,这样可以保证两个元件的位置完全相同,如图 2.5.17 所示。

(4)新建"声音"图层,在指针经过帧(第 2 帧)上插入关键帧,将效果音拖放到舞台上,这样鼠标划过按钮时就能听到效果音。

(5)新建"文字"图层,如图 2.5.18 所示,输入文字"Spring is coming",设置文字的滤镜效果为外发光和投影,使其具有立体感。

图 2.5.17   图 2.5.18

(6)回到场景 1,新建图层,将"信封按钮"放置在舞台上。

(四)动作脚本

(1)将信封按钮的实例命名为"xinfeng",然后在"窗口"菜单下执行"代码片断"→"时间轴导航"→"单击以转到帧并停止"命令,如图 2.5.19 所示,代码会自动粘贴到动作面板中;修改动作脚本的参数,设置 gotoAndStop(5),即跳转到第 5 帧并停止。

(2)在该动作窗口中继续输入动作脚本 stop(),使影片播放后停留在第 1 帧,等待按钮被响应。

(3)新建图层"End",如图 2.5.20 所示,在该图层的第 5 帧插入关键帧,并输入文字"The End";将按钮层以外的其他层延续到第 5 帧。

(4)按快捷键 Ctrl+Enter 可以看到按钮响应并跳转的动画效果。

图 2.5.19   图 2.5.20

三、案例——动感按钮

作品简介:水晶按钮配合水滴滑落的动画效果,让画面充满了生机与活力。每个按钮都具有动态的切换效果,配合效果音,能够实现向其他页面的跳转。本例的主要技术是空白按钮板,即把按钮隐藏在影片剪辑中,影片剪辑的精彩动画配合按钮的交互功能,比传统按钮的动态效果更加丰富。

（一）文件设置和背景绘制

（1）新建 Flash 文件。新建文件大小为 800×200 像素,背景色为白色,帧频为 50 fps,保存文件为"动感按钮.fla"。

（2）在画面左边,绘制墨迹晕开的形状,并输入文字"水"。

（二）水晶按钮

（1）新建影片剪辑元件,命名为"水晶按钮"。

（2）新建图层,命名为"圆形",制作按钮的背景,过程如下。

① 在元件内部以舞台为中心绘制一个圆形,填充浅灰色到白色的线性渐变,作为按钮的背景,如图 2.5.21 所示。

② 将圆形转化为影片剪辑元件,命名为"圆形"。

③ 选中"圆形"实例,在属性面板中设置滤镜效果为投影,如图 2.5.22 和图 2.5.23 所示。

④ 在第 25 帧插入普通帧以延续时间轴。

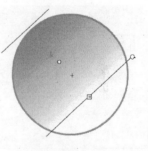

图 2.5.21

图 2.5.22

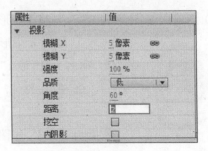

图 2.5.23

（3）新建图层，命名为"高光"，制作过程如图 2.5.24 所示。

① 绘制一个月牙形状，并将其转化为影片剪辑元件，命名为"高光"。

② 选中"高光"实例，在属性面板中设置滤镜效果为模糊。

③ 将时间轴延续到第 25 帧。

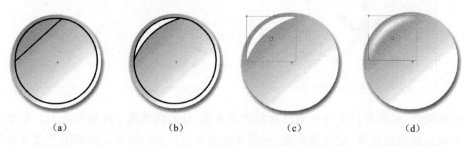

（a）　　　　　　　（b）　　　　　　　（c）　　　　　　　（d）

图 2.5.24

（4）新建图层，命名为"文字"，制作文字由小到大、再由大到小的动画，过程如下。

① 输入"MENU 01"，并将其转化为图形元件，命名为"文字 1"，在第 13 帧插入关键帧。

② 回到第 1 帧，选中"文字"，在属性面板中锁定宽高比，设置其宽度为 5 像素，如图 2.5.25 所示，并将其位置调整到舞台中心。

③ 选中第 1 帧并复制帧，到第 25 帧处粘贴帧。

④ 在第 1～13 帧、第 13～25 帧上建立传统补间动画，如图 2.5.26 所示。

图 2.5.25

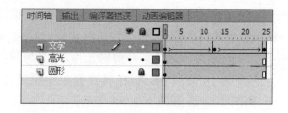

图 2.5.26

（5）新建图层，命名为"图形"，制作图形由大到小、再由小到大的动画，过程如下。

图 2.5.27

① 绘制云朵形状，并将其转化为图形元件，如图 2.5.27 所示，命名为"图形 1"。

② 在第 13、25 帧插入关键帧。

③ 选择第 13 帧的图形，在属性面板中锁定宽高比，设置其宽度为 5 像素，如图 2.5.28 所示，并将其位置调整到舞台中心。

④ 在第 1～13 帧、第 13～25 帧上建立传统补间动画，如图

2.5.29 所示。

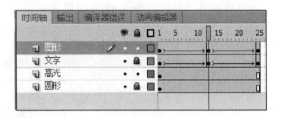

图 2.5.28　　　　　　　　　　　　　图 2.5.29

（6）新建图层，命名为"声音按钮板"，制作过程如下。

① 新建按钮元件，命名为"空白按钮板"，在第 4 帧插入关键帧，绘制一个圆形。

② 在第 2 帧插入关键帧，将声音从库中拖放到舞台上，即只有当"指针划过"状态被响应时，才播放声音，如图 2.5.30 所示。

③ 将做好的按钮板元件放置到"声音按钮板"图层中，如图 2.5.31 所示。

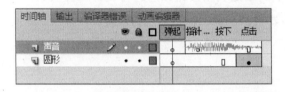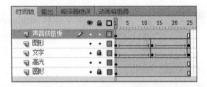

图 2.5.30　　　　　　　　　　　　　图 2.5.31

（7）新建图层，命名为"Actions"，在第 1 帧处按 F9 键打开动作面板，输入表 2.5.1 中的代码片段，其中 anniuA 为声音按钮板的实例名称，MOUSE_OVER 为鼠标划过事件，MOUSE_OUT 为鼠标划离事件。

表 2.5.1

功能	代码片段
暂停时间轴	`stop();`

鼠标划过按钮，跳转到当前时间轴第 2 帧	`anniuA.addEventListener(MouseEvent.MOUSE_OVER,tiaozhuanA1);`
	`function tiaozhuanA1(event:MouseEvent):void`
	`{`
	`    gotoAndPlay(2);`
	`}`

鼠标划离按钮，跳转到当前时间轴第 14 帧	`anniuA.addEventListener(MouseEvent.MOUSE_OUT,tiaozhuanA2);`
	`function tiaozhuanA2(event:MouseEvent):void`
	`{`
	`    gotoAndPlay(14);`
	`}`

单击按钮，跳转到 Web 页	`anniuA.addEventListener(MouseEvent.CLICK,tiaozhuanA3);`
	`function tiaozhuanA3(event:MouseEvent):void`
	`{`
	`    navigateToURL(new URLRequest("http://www.adobe.com"), "_blank");`
	`}`

（8）在"Actions"图层的第 13 帧插入关键帧，如图 2.5.32 所示，按 F9 键打开动作面板，输入动作脚本 Stop()，Stop 命令的用途是停止时间轴的运行，让按钮等待鼠标触发事件。至此，水晶按钮制作完成，其他按钮的制作过程不再赘述。

图 2.5.32

知识拓展

"动感按钮导航条"案例中，画面上的水滴也是利用按钮原理进行设计和开发的。根据已经学过的知识，实现鼠标划过水滴后，水滴从画面上滑落的动画效果。

模块三　Flash 交互课件制作

实训一　按钮导航型交互课件的制作

学习目标

（1）理解类、对象、事件、方法和属性等基本概念。

（2）理解在 Flash 中多场景动画运行的基本流程。

（3）能够灵活运用 Flash 软件完成《温州大学网站导航条》作品的制作。

（4）能够灵活运用 Flash 软件完成《互动英语儿歌》作品的制作。

扫码下载源文件

一、ActionScript 3.0 与交互

所谓"交互",就是用户利用各种方式,如按钮、菜单、按键、文字输入等,来控制和影响动画的播放。交互的目的就是使计算机与用户进行对话(操作),其中每一方都能对另一方的指示做出反应,使计算机程序(动画也是一种程序)在用户可理解、可控制的情况下顺利运行。页面导航课件就是典型的交互程序。

交互性课件的设计,离不开 ActionScript 3.0 面向对象编程语言的应用。面向对象的编程(OOP)是一种组织程序代码的方法,它将代码划分为对象,即包含信息(数据值)和功能的单个元素。通过使用面向对象的方法来组织程序,可以将特定信息(如唱片标题、音轨标题或歌手名字等音乐信息)及其关联的通用功能或动作(如"在播放列表中添加音轨"或"播放此歌手的所有歌曲")组合在一起,这些项目将合并为一个项目,即对象(如"唱片"或"音轨")。面向对象的编程能够以更接近实际情况的方式构建程序,它的基本要素是类、对象、事件、方法和属性。

(一) 类

类是对具有共同属性和行为的众多对象的抽象化。在 ActionScript 3.0 中,每个对象都是由类定义的,可将类视为某一类对象的模板或蓝图。ActionScript 3.0 中包含许多属于核心语言的内置类,其中的某些内置类(如 Number、Boolean 和 String)表示 ActionScript 中可用的基元值,而其他类(如 Array、Math 和 XML 类)定义更加复杂的对象。例如,Date 类表示日期和时间信息,如图 3.1.1 所示;int 类表示 32 位带符号证书的数据类型,如图 3.1.2 所示;而 MovieClip 是 flash. display 包中的子类,舞台上所有影片剪辑都是这个类的对象,如图 3.1.3 所示。

 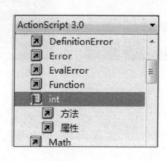 

图 3.1.1   图 3.1.2   图 3.1.3

(二) 对象

对象是将特定信息及其关联的功能或动作组合在一起,是类的具体化,Flash 舞台中的每个实例都可以看作一个对象。例如,在库面板中将"钢琴曲. mp3"定义为一个类 mymusic,如果通过 ActionScript 3.0 来控制这个声音播放,就要建立 mymusic 的对象 snd,然后让这个对象去播放,如图 3.1.4 和图 3.1.5 所示。

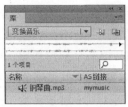

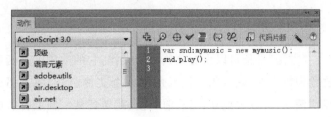

图 3.1.4　　　　　　　　　　　　　　　图 3.1.5

（三）事件

大多数 SWF 文件都支持某些类型的用户交互,无论像响应鼠标单击这样简单的用户交互,还是像接受和处理表单中输入的数据这样复杂的用户交互。与 SWF 文件进行的此类用户交互都可以视为事件。也可能会在没有任何直接用户交互的情况下发生事件,如从服务器加载完数据或者连接的摄像头变为活动状态时。最常用的鼠标事件如表 3.1.1 所示。

表 3.1.1

事件名称	说明
CLICK	鼠标左键在对象上单击的事件
DOUBLE_CLICK	鼠标左键在对象上双击的事件
MOUSE_DOWN	鼠标左键在对象上被按下的事件
MOUSE_UP	鼠标左键在对象上被松开的事件
MOUSE_MOVE	鼠标移动的事件
MOUSE_OUT	鼠标离开对象的事件
MOUSE_OVER	鼠标移动到对象上的事件

事件都是通过事件侦听器的形式被响应的。事件对象的基类是 Event 类。KeyboardEvent 类、MouseEvent 类等这些事件全是继承自 Event 类。所有事件目标的父类是 EventDispatcher,它的子类很多,其中包括 addEventListener。如果想让程序响应鼠标单击事件,首先要注册事件,这样才能使事件对象、事件目标、侦听器之间产生逻辑联系,注册事件需要使用关键字 addEventListener,如图 3.1.6 所示。

例如,btn. addEventListener(MouseEvent. CLICK,showpic)语句中,btn 是事件目标,括号中第 1 个参数是鼠标单击事件 CLICK,第 2 个参数是用户定义的处理函数,如图 3.1.7 所示。

图 3.1.6　　　　　　　　　　　　　　　图 3.1.7

（四）方法

"方法"是指可以由对象执行的操作，它的本质就是函数。例如，把某个影片剪辑元件放置到舞台上，就生成了该元件的一个实例，即对象。那么这个对象可以实现哪些动作呢？例如，可以被拖动、播放前一帧、跳转到某一帧进行播放等，如图 3.1.8 所示。关于这些动作，ActionScript 3.0 通过 MovieClip 类的方法来进行了定义。例如，跳转到某个网址，ActionScript 3.0 通过 flash. net 类中的方法 navigateToURL 来实现，如图 3.1.9所示。

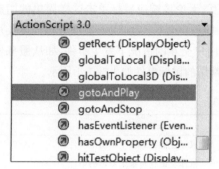 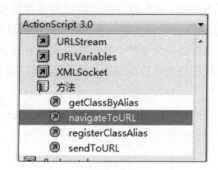

图 3.1.8   图 3.1.9

（五）属性

属性就是对象的基本特征。ActionScript 3.0 中内置了种类繁多的类，例如，常用的 MovieClip 类包含了作为一个影片剪辑元件必须有的属性，如纵坐标 y、高度 height、透明度 alpha、水平缩放比例 scaleX、按钮模式 buttonMode 等，如图 3.1.10 所示。例如，url 是 flash. net. URLRequest 类的属性，用来存储用户想要打开的网址，如图 3.1.11所示。

 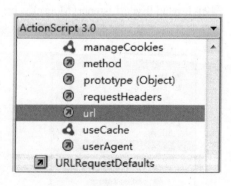

图 3.1.10   图 3.1.11

二、案例——温州大学网站导航条

作品简介：画面中有五个按钮，当鼠标划过按钮，按钮会变大并向右上方移动，背景图片也会切换；单击按钮，会跳转到相应的网站。

（一）页面布置

（1）新建 Flash 文件。新建文件大小为 1004×255 像素，背景色为白色，帧频为 24 fps，保存文件为"温州大学网站导航条.fla"。

（2）导入图片素材"image1.jpg"，将其转化为影片剪辑元件"背景 1"；同样的方法，将另外四个背景图片依次转化为"背景 2""背景 3""背景 4""背景 5"元件。

（3）新建"背景 1"图层，制作背景图片缓缓出现的渐变效果。

① 将"背景 1"元件放置在第 1 帧，设置 Alpha 为 50％，如图 3.1.12 所示。

② 在第 10 帧插入关键帧，将元件的 Alpha 设置为 100％。

③ 在第 1～10 帧创建传统补间动画。

（4）在"背景 2"图层的第 11～20 帧创建"背景 2"元件缓缓出现的渐变效果。其他背景的制作步骤不再赘述，图层结构如图 3.1.13 所示。

图 3.1.12

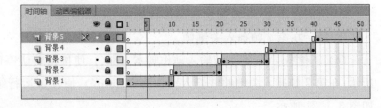

图 3.1.13

（5）新建"标签"图层，在第 1、11、21、31 和 41 帧处插入关键帧，并分别在属性面板上设置帧标签为 a1、a2、a3、a4 和 a5，如图 3.1.14 所示，时间轴上出现小红旗进行标记。

（6）在"标签"图层的第 10、20、30、40 和 50 帧处插入关键帧，打开动作面板，分别输入动作脚本 stop()，对顺序运行的时间轴进行切分，使第 1～10、11～20、21～30、31～40、41～50 帧成为独立的时间轴片段，如图 3.1.15 所示。

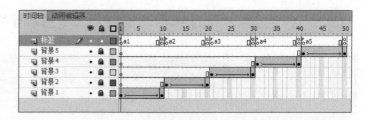

图 3.1.14   图 3.1.15

（二）按钮制作

（1）在 Flash 软件中，影片剪辑可以替代按钮的功能。新建"按钮 1"影片剪辑元件，将背景 1 的图片放在元件的舞台中央。选中图片，按快捷键 Ctrl＋B 将图片分离为形状，如图 3.1.16 所示。

（2）使用矩形工具在图片上绘制一个无填充颜色的矩形，如图 3.1.17 所示，根据形状之间相互切割的原理，选择矩形外面的形状，将其删除，如图 3.1.18 所示。为了保证每个按钮中矩形的大小一致，请记住矩形的尺寸。

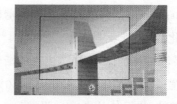

图 3.1.16   图 3.1.17   图 3.1.18

（3）在图层 1 制作整个形状从左下角向右上方逐渐变大的效果。

① 使用任意变形工具将形状的中心点移动到左下角，如图 3.1.19 所示。

② 在第 5 帧插入关键帧，将整个形状向右上方变大。

③ 然后在第 1～5 帧创建补间形状动画。

④ 最后在第 7 帧插入关键帧。

（4）新建图层，在第 1 帧输入动作脚本 stop()，使按钮默认停留在第 1 帧，如图 3.1.20 所示；在第 7 帧插入关键帧并输入动作脚本 stop()，使按钮运行结束时停留在最后一帧，如图 3.1.21 所示。

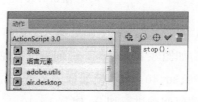

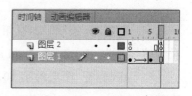

图 3.1.19   图 3.1.20   图 3.1.21

（5）按钮 1 影片剪辑制作完成，其他按钮的制作过程相同，注意每个按钮大小和位置的一致性。

（6）回到主场景，新建"按钮"图层，将制作好的五个按钮放置在舞台下方，并分别命名为 btn1、btn2、btn3、btn4 和 btn5。

（7）在主场景中，新建"文本"图层，在按钮位置的旁边分别输入："招生网 Students Admission""就业网 Labour Market""校友网 Alumni Network""国际合作 Cooperation""温大新闻 WZU News"。图层结构如图 3.1.22 所示。

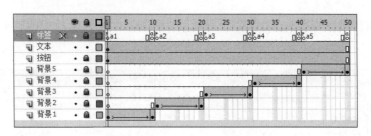

图 3.1.22

（三）动作脚本

（1）在主场景中新建"AS"图层，在第 1 帧中输入动作脚本，给按钮 1 添加侦听器，当鼠标划过时，实现以下动画效果。

① 立即跳转到时间轴的 a1 标签处运行，第 1 个背景图片逐渐清晰。

② 按钮 1 从第 2 帧开始运行，按钮向右上角放大。

③ 鼠标的形状变成手形，使影片剪辑元件看起来和按钮元件的运行效果相同。

```
btn1.addEventListener(MouseEvent.MOUSE_OVER,jump1a);
//按钮 1 侦听鼠标划过事件，去执行 jump1a 函数
function jump1a(me:MouseEvent){
    gotoAndPlay("a1"); //从 a1 标签处开始运行
    btn1.gotoAndPlay(2); //按钮 1 从第 2 帧开始运行
    btn1.buttonMode=true; //按钮 1 的鼠标形状变成手形
}
```

（2）继续给按钮 1 添加侦听器，当鼠标划离时，实现以下动画效果：

① 按钮 1 停留在第 1 帧，恢复原状。

② 鼠标形状变成箭头。

```
btn1.addEventListener(MouseEvent.MOUSE_OUT,jump1b);
//按钮 1 侦听鼠标划离事件，去执行 jump1b 函数
function jump1b(me:MouseEvent){
    btn1.gotoAndStop(1); //按钮 1 停留在第 1 帧
    btn1.buttonMode= false; //按钮 1 的鼠标形状变成箭头
}
```

（3）继续给按钮 1 添加侦听器，当单击时，打开温州大学招生网的网页。

```
btn1.addEventListener(MouseEvent.CLICK,jump1c);
//按钮 1 侦听单击事件，去执行 jump1c 函数
function jump1c(me:MouseEvent){
    var req:URLRequest=new URLRequest(); //新建 URLRequest 类的对象 req
    req.url="http://zs.wzu.edu.cn/"; //设置 req 的 url 属性即网址
    navigateToURL (req); //调用 URLRequest 类的 navigateToURL 方法，实现跳转
}
```

（4）其他按钮所响应的动作脚本原理相同，不再赘述，动作面板中的脚本如图 3.1.23 所示。

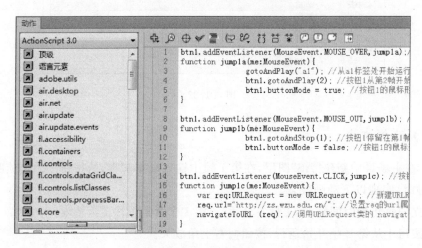

图 3.1.23

三、案例——互动英语儿歌

作品简介：本课件是多场景导航课件，第一个场景是主页面，上面有四个按钮，分别为"单词""句子""歌曲""游戏"，单击每个按钮可以跳转到相应的场景。例如，在"单词"场景中，有六个单词，单击每个单词可以听到读音，图像也会随之放大；在右下角有一个"返回"按钮，单击该按钮可以返回到主页面，继续选择其他场景进行学习。

（一）主界面制作

（1）新建 Flash 文件。新建文件大小为 1024×720 像素,背景色为白色,帧频为 30 fps,保存文件为"互动英语儿歌.fla"。

（2）执行"窗口"→"其他面板"命令,选择"场景",分别新建"主界面""单词""句子""歌曲""游戏"场景,如图 3.1.24 所示。主界面可以和其他页面相互跳转,如图 3.1.25 所示,场景面板中第 1 个场景即主界面最先运行。

图 3.1.24

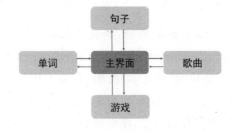

图 3.1.25

（3）新建"蓝天"图层,制作一个矩形的图形元件,填充蓝色渐变色,作为蓝天背景。

（4）新建"树叶"图层,将树叶素材导入到舞台上,将其转化为图形元件,放置在舞台下方。

（5）新建"花"图层,同理导入花素材并转换为图形元件,放置在舞台下方。

（6）新建"白云"图层。制作白云在天空中慢慢浮动的影片剪辑,放在舞台的上方,如图 3.1.26 所示。

（7）新建"熊"图层,将与熊相关的素材导入到舞台上,制作小熊身体微微抖动的影片剪辑,然后放在舞台中央,如图 3.1.27 所示。

图 3.1.26

图 3.1.27

（8）新建四个影片剪辑元件,分别命名为"主界面按钮 1""主界面按钮 2""主界面按钮 3""主界面按钮 4"。以按钮 1 为例,制作过程如下。

① 在第 1 帧插入蜜蜂的素材,如图 3.1.28 所示。

② 在第 6 帧插入关键帧,将蜜蜂放大一些,并稍向右旋转,如图 3.1.29 所示。

③ 在第 1 帧和第 6 帧分别加入脚本 stop(),作为响应鼠标划过和划离的两种状态。

④ 在第 10 帧插入帧,如图 3.1.30 所示。

图 3.1.28

图 3.1.29

图 3.1.30

(9) 回到主页面场景,新建"按钮"图层,将 4 个按钮放到舞台上,并分别命名为 contentsBtn1、contentsBtn2、contentsBtn3 和 contentsBtn4。

(10) 新建"按钮文本"图层,在每个按钮的下方写上模块的名称,依次为"单词""句子""歌曲""游戏",如图 3.1.31 所示。设置字体为黑体,并单击属性面板中的"嵌入字体",将字体保存到库中,图层结构如图 3.1.32 所示。

图 3.1.31

图 3.1.32

(11) 新建"AS"图层,输入动作脚本,实现鼠标划过时按钮变大、鼠标划离时按钮变小、单击时跳转到相应场景。以按钮 1 为例,脚本如下:

```
stop();//暂停当前场景时间轴
contentsBtn1.addEventListener(MouseEvent.CLICK,jumpToPage1);
//按钮 1 侦听单击事件
function jumpToPage1(me:MouseEvent){
    gotoAndPlay(1,"单词"); //跳转到单词场景的第 1 帧
}
contentsBtn1.addEventListener(MouseEvent.MOUSE_OVER,buttonStatus2);
//按钮 1 侦听鼠标划过事件
function buttonStatus2(me:MouseEvent){
    me.target.buttonMode=true;//鼠标指针变成手形
    me.target.gotoAndStop(6); //按钮停止在第 6 帧上
}
contentsBtn1.addEventListener(MouseEvent.MOUSE_OUT,buttonStatus1);
```

```
//按钮 1 侦听鼠标划离事件
function buttonStatus1(me:MouseEvent){
    me.target.gotoAndStop(1); //按钮停止在第 1 帧上
}
```

(二) 单词界面制作

(1) 蓝天、树叶和花的制作过程同前。

(2) 新建"书"图层,将图片素材导入到舞台上,调整大小和位置。

(3) 新建 6 个影片剪辑元件,分别命名为"单词1""单词2""单词3""单词4""单词5""单词6"。以单词1为例,制作过程如下。

① 将底图等图片素材导入到舞台上,并输入文字"animal",如图 3.1.33 所示。

② 在声音图层的第 2 帧插入关键帧,将对应的声音素材导入到舞台上。

③ 在 AS 图层的第 1 帧输入动作脚本 stop(),使元件默认停止在第 1 帧。

④ 在所有图层的第 5 帧插入帧,如图 3.1.34 所示。

图 3.1.33

图 3.1.34

(4) 回到单词场景,新建"单词"图层,将制作好的 6 个单词元件放置到舞台上,实例分别命名为"word1""word2""word3""word4""word5""word6",如图 3.1.35 所示。

(5) 新建"返回"图层,将返回按钮放置在右下角,命名为"buttonBack1"。返回按钮的制作过程与主界面按钮类似,不再赘述。单词场景图层结构如图 3.1.36 所示。

图 3.1.35

图 3.1.36

(6) 新建"AS"图层,输入动作脚本,以单词 1 为例,实现以下功能。

① 单击单词时图片变大,发出声音。

② 鼠标划过时,鼠标指针变为手形。

③ 鼠标划离单词时,图片恢复原状。

```
stop(); //暂停在当前场景的时间轴上
word1.buttonMode=true;//鼠标指针变成手形
word1.addEventListener(MouseEvent.CLICK, wordplay);//单词1侦听单击事件
function wordplay(me:MouseEvent):void
{
    me.target.gotoAndPlay(2); //单词从第2帧开始运行(发出声音)
    me.target.scaleX=me.target.scaleY=0.75;//调整单词元件的比例
}
word1.addEventListener(MouseEvent.MOUSE_OUT, wordstop);
//单词1侦听鼠标划离事件
function wordstop(me:MouseEvent):void
{
    me.target.gotoAndStop(1);//单词元件停止在第1帧上
    me.target.scaleX=me.target.scaleY= 0.60;//恢复单词元件的比例
}
```

(7) 在"AS"图层继续输入动作脚本,实现单击返回图标,跳转到主界面场景。因为后续其他场景中的返回按钮也会调用 goBack 函数,所以也可以将 goBack 函数的定义写在主场景的第 1 帧。

```
buttonBack1.addEventListener(MouseEvent.CLICK, goBack);
//返回按钮侦听单击事件
function goBack(me:MouseEvent):void
{
    gotoAndPlay(1,"主界面");//跳转到主界面场景的第1帧
    SoundMixer.stopAll();//停止所有正在播放的声音
}
buttonBack1.addEventListener(MouseEvent.MOUSE_OVER,buttonStatus2);
//返回按钮侦听鼠标划过事件
buttonBack1.addEventListener(MouseEvent.MOUSE_OUT,buttonStatus1);
//返回按钮侦听鼠标划离事件
```

(三)句子界面制作

(1) 蓝天、树叶、花和书的制作过程同前。

(2) 新建"句子 1"和"句子 2"影片剪辑元件,以句子 1 为例,制作过程如下。

① 新建"背景"图层,将图片放到舞台中间。

② 新建"蝙蝠飞"影片剪辑元件,制作蝙蝠身体不断伸缩的动画效果,放置到"蝙蝠"图层。

③ 新建"猫头鹰飞"影片剪辑元件,制作翅膀不断拍打的动画效果,放置到"猫头鹰"图层,在该图层上方添加传统运动引导层并绘制猫头鹰飞行的路径,如图 3.1.37 所示。

④ 新建"声音"图层,在第 2 帧插入关键帧,导入句子 1 的声音素材。在第 1 帧输入动作脚本 stop(),使元件默认暂停在第 1 帧,如图 3.1.38 所示。

图 3.1.37

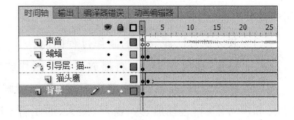

图 3.1.38

（3）回到"句子"场景,新建"画面"图层,将句子 1 和句子 2 元件放到舞台上,并命名为 sentence1 和 sentence2。为了增加美观性,在每个元件的下方分别放置一个底图,如图 3.1.39 所示。

（4）新建"文本"图层,输入句子的文本,在属性面板中嵌入字体。

（5）新建"返回"图层,将返回按钮放置在页面的右下角,命名为 buttonBack2,图层结构如图 3.1.40 所示。

图 3.1.39

图 3.1.40

（6）新建"AS"图层,输入动作脚本,以单词 1 为例,实现以下效果。

① 单击句子所对应的画面时,动画效果开始播放,如猫头鹰飞行,并播放句子的录音。

② 鼠标划过时,鼠标指针变为手形。

③ 鼠标划离单词时,图片恢复原状。

```
stop();//暂停在当前场景的时间轴上
sentence1.buttonMode=true; //鼠标指针变成手形
sentence1.addEventListener(MouseEvent.CLICK, sentenceplay);//句子1侦听单击事件
function sentenceplay(me:MouseEvent):void
{
```

```
me.target.gotoAndPlay(2); //句子从第 2 帧开始播放
}
```

（7）在"AS"图层继续输入动作脚本，实现单击返回图标，跳转到主界面场景。因为与 buttonBack1 按钮的原理相同，不再赘述。

（四）歌曲界面制作

（1）蓝天、树叶、花和书的制作过程同前。

（2）新建"播放器"图层，将播放器背景图片放置在舞台上。

（3）新建"动画儿歌"影片剪辑元件，制作声画同步的小短片。导入所有需要的图片素材和声音素材，包括熊、人、窗户、熊头、熊手臂、小鸟等，6 个画面如表 3.1.2 所示。

表 3.1.2

编号	画面	动画要素
画面 1： 第 1～129 帧		台灯的光芒不停闪烁 小孩的头左右晃动 白熊不停地点头和摇晃手臂 白熊被窗户遮挡的动画效果
画面 2： 第 130～375 帧		将画面 1 的内容放大，使小孩占据画面的主体
画面 3： 第 376～499 帧		小孩偶尔眨眼和说话的表情动画 白熊摆手点头的动画效果 一只小鸟在右上角的天空飞过

编号	画面	动画要素
画面 4： 第 500～604 帧		将画面 3 的内容放大，使白熊占据画面的主体
画面 5： 第 605～748 帧		与画面 3 相同
画面 6： 第 749～872 帧		台灯的光芒不停地闪烁 白熊偶尔眨眼的动画 小孩眼睛眯笑和说话的表情动画

（4）在"动画儿歌"中新建"声音"图层，将声音素材拖放到舞台上。选中声音图层的任何一帧，设置声音同步效果为"数据流"，如图 3.1.41 所示，便于后面使用按钮进行播放和暂停控制。

（5）新建"AS"层，在最后 1 帧插入关键帧，并输入动作脚本 stop()，为了避免儿歌自动循环播放。

（6）回到"歌曲"场景，新建"儿歌"图层，将做好的动画儿歌拖放到舞台中央。在儿歌图层上新建遮罩图层，绘制一个矩形框，保证儿歌播放时不会超出矩形的范围，如图 3.1.42 所示。

（7）新建"播放暂停按钮"影片剪辑元件，在第 1 帧放置暂停标记，在第 2 帧放置播放标记，如图 3.1.43 和图 3.1.44 所示。在第 1 帧添加代码 stop()，使影片默认停在第 1 帧，如图 3.1.45 所示。同理制作"重播按钮"，如图 3.1.46 所示。

图 3.1.41

图 3.1.42

图 3.1.43

图 3.1.44

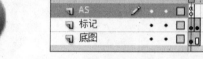

图 3.1.45

图 3.1.46

（8）将播放暂停按钮和重播按钮拖放到舞台上，分别命名为 controlBtn 和 replayBtn。

（9）新建"返回"图层，将返回按钮放置在页面的右下角，命名为 buttonBack3。

（10）新建"AS"图层，书写脚本，实现单击播放暂停按钮时能够控制儿歌的播放和暂停，单击重播按钮可以使儿歌重新播放，脚本如下：

```
stop();//暂停在当前场景的时间轴
var swfIsPlaying=true; //设置布尔型变量来识别儿歌的播放状态
controlBtn.buttonMode=true; //鼠标在 controlBtn 上时指针变成手形
replayBtn.buttonMode=true;//鼠标在 replayBtn 上时指针变成手形
controlBtn.addEventListener(MouseEvent.CLICK,playorpause);//侦听单击事件
function playorpause(me:MouseEvent)
{
    if (!swfIsPlaying)//如果当前是暂停状态
    {
        song.play(); //儿歌开始播放
        swfIsPlaying=true; //变量为真表示当前正在播放
        me.target.prevFrame();//按钮显示第 1 帧
    }
    else
    {
        song.stop(); //儿歌暂停
        swfIsPlaying=false; //变量为假表示当前已经暂停
        me.target.nextFrame(); //按钮显示第 2 帧
    }
}
```

```
replayBtn.addEventListener(MouseEvent.CLICK,replay); //重播按钮侦听单击事件
function replay(me:MouseEvent)
{
    song.gotoAndPlay(1); //儿歌从第 1 帧开始播放
}
```

（11）在"AS"图层继续输入动作脚本，实现单击返回图标，跳转到主界面场景。因为与 buttonBack1 按钮的原理相同，不再赘述。

（五）游戏界面制作

（1）蓝天、树叶、花和书的制作过程同前。

（2）新建"书本"图层，将图片素材导入到舞台上。

（3）新建"底图"图层，将笔记本样式的底图素材导入到舞台上。

（4）新建"图片"图层，将对比的两张图片素材导入到舞台上。将内容多的图片放后边，便于用户识别，如图 3.1.47 所示。图层结构如图 3.1.48 所示。

图 3.1.47

图 3.1.48

（5）新建"空白按钮板"图层，将一个透明的矩形转化为影片剪辑，覆盖在右侧的图片上，实例命名为 checkingAreaWrong。

（6）新建"错误反馈"图层，放置"错误反馈"元件，过程如下。

① 新建"错误反馈"元件，在第 2 帧绘制一个错误的形状，如图 3.1.49 所示；新建图层并在第 2 帧插入错误反馈的声音。

② 在"错误反馈"元件第 1 帧添加代码 stop()，目的是使元件默认停留在第 1 帧，图层结构如图 3.1.50 所示。

③ 将"错误反馈"元件放置在游戏场景的"错误反馈"图层中。

图 3.1.49

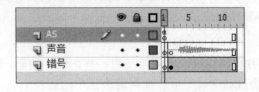
图 3.1.50

（7）新建"正确反馈"图层，放置"正确反馈"元件，过程如下。

① 新建"正确反馈"元件，在第 1 帧绘制一个透明圆形。

② 在"正确反馈"元件的第 2 帧插入正确反馈的形状，如图 3.1.51 所示；新建图层并在

第 2 帧插入正确反馈的声音。

③ 在"正确反馈"元件的第 1 帧输入动作脚本 stop()，目的是使元件默认停留在第 1 帧。

④ 在"正确反馈"元件的最后 1 帧添加代码 stop()，目的是阻止元件反复运行，图层结构如图 3.1.52 所示。

⑤ 将"正确反馈"元件放置在游戏场景的"正确反馈"图层中，并复制为 4 个，分别覆盖在两张图片的不同处。并依次命名为 checkingArea1～checkingArea4。

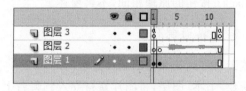

图 3.1.51   图 3.1.52

(8) 新建"返回"图层，将返回按钮放置在页面的右下角，命名为 buttonBack4。

(9) 新建"AS"图层，书写脚本，实现单击正确的地方运行正确反馈，单击错误的地方运行错误反馈。以第一个识别区为例，输入动作脚本如下：

```
stop();//暂停当前场景的时间轴
checkingArea1.addEventListener(MouseEvent.CLICK,rightCheck);
//第一个识别区侦听单击事件
function rightCheck(me:MouseEvent){
me.target.gotoAndPlay(2); //播放正确反馈
}
checkingAreaWrong.addEventListener(MouseEvent.CLICK,wrongCheck);
//错误区域侦听单击事件
function wrongCheck(me:MouseEvent){
wrongFeedback.gotoAndPlay(2); //播放错误的反馈
wrongFeedback.x=mouseX; //错误反馈出现的位置为单击的位置
wrongFeedback.y=mouseY;
}
```

(10) 在"AS"图层继续输入动作脚本，实现单击返回图标，跳转到主界面场景。因为与 buttonBack1 按钮的原理相同，不再赘述。

(11) 因为歌曲场景中声音是直接拖放到舞台上的，所以切换到游戏场景时，儿歌的声音仍然继续播放，将游戏场景放到歌曲场景前面，可以解决这个问题。至此，《互动英文儿歌》课件制作完成了。

知识回顾

1. 影片剪辑也可以实现与按钮一样的跳转功能，不足之处是鼠标放在影片剪辑上面时指针不会自动变成手形。如何解决这个问题？

2. 举例说明影片剪辑对象都有哪些属性和方法。

实训二　文本输入型交互课件的制作

学习目标

(1) 了解 Math 类、Array 类、String 类和 KeyboardEvent 类的基本概念。

(2) 掌握 if 条件判断的逻辑流程。

(3) 能够熟练运用 Flash 软件完成《数学运算题》课件的制作。

(4) 能够熟练运用 Flash 软件完成《语文填空题》课件的制作。

(5) 了解《英语拼写题》课件的基本原理。

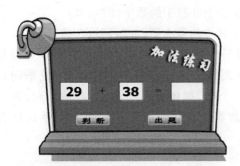

扫 码 下 载 源 文 件

一、ActionScript 3.0 基础知识

（一）Math 类

Math 类是 Flash 动画编程中使用较多的类，是顶级类。Math 类中包含常用的数学函数和值。如 Math.PI(约等于 3.14159265…)，此常量表示圆的周长与其直径的比率；如三角函数的方法 Math.sin()、Math.cos()和 Math.tan() 等；此外也包含一些求对数、求幂、取整、取最大最小值、产生随机值等实用的函数。

(1) Math.abc();//计算并返回由参数指定的数字的绝对值。

(2) Math.sin();//以弧度为计算单位并返回由参数指定的数字的正弦值。

(3) Math.ceil();//取得指定的数字或表达式的上限的整数值，Math.ceil(5.6)=6。

(4) Math.floor();//取得指定的数字或表达式的下限的整数值，Math.floor(5.6)=5。

(5) Math.round();//通过四舍五入取得最接近的整数值，Math.ceil(5.6)=6。

(6) Math.random();//随机函数，获取一个介于 0 和 1 的数字，$0 \leqslant x < 1$。

(7) Math.max();//计算两个数字或者表达式中的最大值，并返回这个值。

与其他编程语言一样，Math 类离不开运算符的使用。运算符是用于执行计算以及进行比较、修改或者将变量、对象、属性和表达式的值进行合并的特殊符号(或单词)。运算符需要一个或者更多操作数并常常返回一个值，如比较两个值、对数值求和、将多个字符串合并在一起以及处理低级的二进制数据。常用的数学运算符和关系运算符如图 3.2.1 和图 3.2.2 所示。

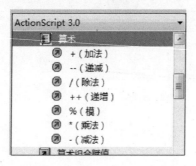

图 3.2.1

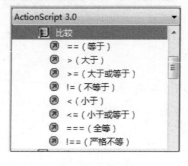

图 3.2.2

（二）Array 类

使用 Actionscript 3.0 语言编程时经常需要处理一组项目而不是单个对象，更好的做法是将所有的对象放在一个包中，从而能够将其作为一个组进行处理。数组中的所有项目都是相同类的实例，称为数组的"元素"。可以将数组视为变量的"文件柜"。变量可以作为元素添加到数组中，就像将文件夹放到文件柜中一样。

ActionScript 3.0 中，最常见的数组类型为"索引数组"，Array 类是用于表示索引数组的常见类。在索引数组中，将每个元素存储在编号位置中，并使用数字(索引)来标识各个元素，第一个索引始终是数字 0，且添加到数组中的每个后续元素的索引以 1 为增量递增。这样就可以使用数组访问运算符和编号来访问数组中的某个项目,如 a[6]表示数组 a 中的第 7 个元素。常用的数组类方法和属性如图 3.2.3 和图 3.2.4 所示。

(1) 数组.push(元素) //在数组尾部新增一个或多个元素。

(2) 数组.pop() //将数组最后一个元素删除。

(3) 数组.splice(删除点索引) //删除数组中某位置之后的所有元素。

(4) 数组.slice(起始索引)//返回的是从起始点索引开始到数组终点的这段元素。

(5) 数组.length //返回的是数组中元素的个数,即数组的长度。

图 3.2.3

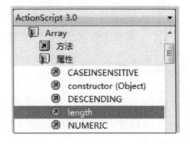
图 3.2.4

(三) String 类

当在 ActionScript 中处理一段文本时,都会用到 String 类。String 本意就是字符串,String 类是一种可用来处理文本值的数据类,字符串就是一个文本值,即串在一起而组成单个值的一系列字母、数字或其他字符,在 ActionScript 3.0 中,可使用双引号将文本引起来以表示字符串值。常用的 String 类方法和属性如表 3.2.1 所示。动作面板中 String 类的方法和属性如图 3.2.5 和图 3.2.6 所示。

表 3.2.1

创建字符串	var albumName:String="welcome to Flash World";
length 属性	var str:String="Adobe"; trace(str.length); //输出: 5
处理字符串中的字符	for (var i:int=0; i<str.length; i++) …
获取其他对象的字符串表示形式	var n:Number=99.47; var str:String=n.toString();
连接字符串	var str1:String="green"; var str2:String="ish"; var str3:String=str1+str2; //str3=="greenish"
通过字符位置查找子字符串	var str:String="Hello from Paris, Texas!!!"; trace(str.substr(11,15)); //输出: Paris, Texas!!!

在大小写之间转换字符串	var str:String="Dr. Bob Roberts, #9."
	trace(str.toLowerCase()); // dr. bob roberts, #9.
	trace(str.toUpperCase()); // DR. BOB ROBERTS, #9.

将 ASCII 字符代码转化为字符	Var myStr:String=String.fromCharCode(104,101,108,108,111,33) //设置 myStr 字符串为"hello!"

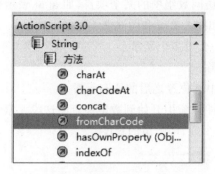

图 3.2.5

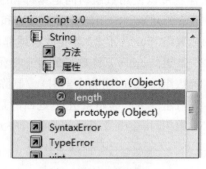

图 3.2.6

（四）KeyboardEvent 类

文本输入类的交互课件,经常会用到键盘事件侦听器来捕获整个舞台的键盘输入。也可以为舞台上的特定显示对象(如输入文本框)添加事件侦听器,当对象具有焦点时将触发该事件侦听器。

判断用户的输入正确与否,需要访问键盘事件的 keyCode 和 charCode 属性,以确定按下哪个键,然后触发其他动作,如图 3.2.7 和图 3.2.8 所示。keyCode 属性为数值,与键盘上的某个键的值相对应。charCode 属性是该键在当前字符集中的数值,默认字符集是 UTF-8,它支持 ASCII。键控代码值与字符值之间的主要区别:键控代码值表示键盘上的特定键(数字键盘上的 1 与最上面一排键中的 1 不同),字符值表示特定字符(字符 R 与 r 是不同的),键控代码值和字符值之间的对应关系如图 3.2.9 所示。

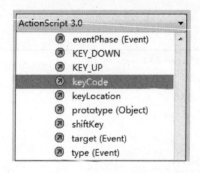

图 3.2.7

图 3.2.8

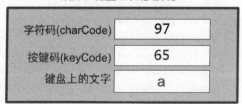

图 3.2.9

二、案例——数学运算题

作品简介：单击"出题"按钮，画面上会随机出现两位数加法题，用户可以在最后一个文本输入框中输入答案；单击"判断"按钮，判断当前答案是否正确。如果答案正确，会出现"√"和"你真棒"的声音反馈，如果答案错误，则出现"×"和"再想一想"的声音反馈。

（一）页面和题目布置

（1）新建 Flash 文件。新建文件大小为 500×350 像素，背景色为白色，帧频为 24fps，保存文件为"数学运算题.fla"。

（2）新建"背景"图层，导入小黑板背景素材，并在右上角写上题目"加法练习"。

（3）新建"题目"图层，在画面上插入"动态文本框"，并设置属性面板中的名称为num1；在字符面板中可以设置动态文本的字体、大小和颜色，如图 3.2.10 所示，设置好以后，单击"嵌入"按钮，打开"文字嵌入"窗口，单击"确定"按钮将设置好的字体嵌入到作品中，如图 3.2.11 所示。此外，还需要勾选"在文本周围显示边框"选项，这样运行时文本周围会出现矩形的边框。第二个动态文本框的设置方法相同，名称为 num2。

图 3.2.10

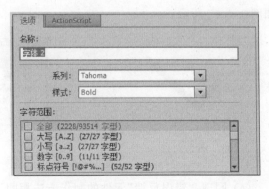

图 3.2.11

（4）在"题目"图层上插入"输入文本框"，并设置属性面板中的名称为 result，其他属性的设置与前面动态文本相同。

（5）新建"按钮"图层，如图 3.2.12 所示，从"外部库"中选择合适的按钮插入到画面中，将按钮内部原有的文本图层删除。将其实例命名为"ans_button"，并将"判断"字样覆盖在按钮上方。同理制作另一个按钮，命名为"ques_button"，将"出题"字样覆盖在按钮上方，如图 3.2.13 所示。

图 3.2.12

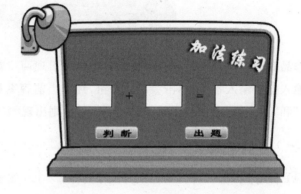
图 3.2.13

（二）设置反馈

（1）新建影片剪辑元件"正确反馈"，进入元件内部，在"笔划 1"图层的第 2～6 帧使用形状补间来制作线条慢慢出现的效果；在"笔划 2"图层第 6～16 帧使用形状补间来制作另一个线条慢慢出现的效果，如图 3.2.14 所示。

（2）在"声音"图层的第 2 帧插入关键帧，并将"太棒了.mp3"声音导入到舞台上。

（3）新建"AS"图层，在第 1 帧中输入动作脚本 stop()，目的是让元件暂停在第 1 帧，如图 3.2.15 所示。

图 3.2.14

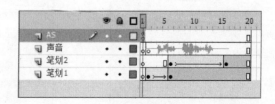
图 3.2.15

（4）同理，"错误反馈"元件的制作方法相同，只是使用的声音素材不同。

（5）回到主场景，新建"反馈"图层，将"正确反馈"和"错误反馈"两个元件拖放到舞台上,分别命名为"right_mc"和"wrong_mc"。由于两个元件的第 1 帧都没有内容,所以运行时暂不可见。

（三）动作脚本

（1）新建"AS"图层,在第 1 帧中输入动作脚本,首先是变量初始化和赋值:

```
var a,b,c; //三个临时变量,存储两个加数与和的值
num1.text="29"; //第一个加数的默认值
num2.text="38"; //第二个加数的默认值
result.restrict="0-9"; //限制输入文本框中只能输入数字
num1.text="29"; //加数的默认值
```

（2）继续第 1 帧中输入动作脚本,给判断按钮添加侦听器,判断输入的答案是否正确。

```
ans_btn.addEventListener(MouseEvent.CLICK,answer); //判断按钮侦听单击事件
function answer(me:MouseEvent) {
    a=int(num1.text); //把 num1 从文本转化为数值
    b=int(num2.text); //把 num2 从文本转化为数值
    c=int(result.text); //把 result 从文本转化为数值
    if (c==a+b) {  //如果 num1 和 num2 相加等于 result
      right_mc.gotoAndPlay(2); //正确反馈的元件运行
    } else {
      wrong_mc.gotoAndPlay(2); //错误反馈的元件运行
        }
    }
```

（3）继续第 1 帧中输入动作脚本,给出题按钮添加侦听器,给两个加数重新赋值,并清空前面输入的答案。

```
ques_btn.addEventListener(MouseEvent.CLICK,question); //出题按钮侦听单击事件
function question(me:MouseEvent) {
    num1.text=String(Math.floor(Math.random()*100));
    //利用 Math 类的 random()方法和 floor()方法产生两个 100 以内的随机整数
    num2.text=String(Math.floor(Math.random()*100));
    result.text=""; //将输入文本清空,等待重新输入答案
}
```

（4）至此,完成了《数学运算题》课件的制作,按快捷键 Ctrl＋Enter 测试运行效果。

三、案例——语文填空题

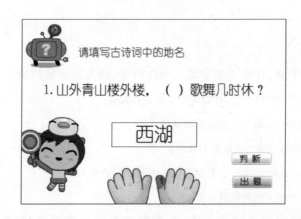

作品简介：课件运行以后，页面中默认出现第 1 题，用户在输入框中输入答案，然后单击"判断"按钮来确认正确与否。如果答案正确，会出现一个举着糖果的卡通小人，如果答案错误，则出现举着"×"符号的卡通小人。单击"出题"按钮，页面会呈现下一题，所有题目都测试结束以后，单击"出题"按钮，会重新从第 1 题开始。

（一）页面和题目布置

（1）新建 Flash 文件。新建文件大小为 500×350 像素，背景色为白色，帧频为 24 fps，保存文件为"语文填空题.fla"。

（2）新建"背景"图层，将小电视素材和手的素材放置到画面中。在页面上方插入文本"请填写古诗词中的地名"。

（3）新建"题目"图层，插入一个动态文本框，命名为"question_txt"，属性设置如图 3.2.16 所示，用以动态显示题目；再插入一个输入文本框，命名为"myAns"，属性设置如图 3.2.17 所示，用户可以输入答案。属性设置完毕以后，要单击属性面板中的"嵌入"按钮，将所使用的字体保存到库中。

图 3.2.16

图 3.2.17

（4）新建"按钮"图层，将"判断"按钮和"出题"按钮放置在右下角，分别命名为"ans_btn"和"ques_btn"。

（5）新建"反馈"图层，将提前准备好的正确反馈和错误反馈的卡通小人元件拖放在舞台左下方，如图 3.2.18 所示，程序运行时会从舞台下方进入舞台。两个元件分别命名为"right_mc"和"wrong_mc"，元件内部动画制作过程不再赘述。图层结构如图 3.2.19 所示。

图 3.2.18

图 3.2.19

（二）动作脚本

（1）新建"AS"图层，在第 1 帧中输入动作脚本，首先是变量初始化和赋值：

```
wrong_mc.stop(); //错误反馈的元件停止运行
right_mc.stop(); //正确反馈的元件停止运行
    var quesArray=["1.山外青山楼外楼,( )歌舞几时休?","2.故人西辞黄鹤楼,烟花三月
下( )。","3.朝辞白帝彩云间,千里( )一日还。","4.( )水深千尺,不及汪伦送我情。","5.( )远
上白云间,一片孤城万仞山。"];
//将题目以字符串的形式存储在 quesArray 数组中
var ansArray=["西湖","扬州","江陵","桃花潭","黄河"];
//将答案以字符串的形式存储在 ansArray 数组中
var i=0 //设置循环变量,初始值为 0
question_txt.text=quesArray [i]; //动态文本默认显示第 1 题
```

（2）继续第 1 帧中输入动作脚本，给判断按钮添加侦听器，判断输入的答案是否正确。

```
ans_btn.addEventListener(MouseEvent.CLICK,answer); //判断按钮侦听单击事件
function answer(me:MouseEvent){
  if (ansArray [i]==myAns.text){ //如果当前的问题等于输入的答案
right_mc.gotoAndPlay(1); //正确反馈的元件运行
}else{
wrong_mc.gotoAndPlay(1); //错误反馈的元件运行
}
}
```

（3）继续第 1 帧中输入动作脚本,给出题按钮添加侦听器,使循环变量递增,并判断所有题目是否显示完毕。

```
ques_btn.addEventListener(MouseEvent.CLICK,question); //出题按钮侦听鼠标单击
事件
function question(me:MouseEvent){
  i++; //循环变量加 1
  if(i==quesArray.length){ //如果 i 等于题目的个数
  i=0; //i 重新置 0
  }
  question_txt.text=quesArray [i]; //动态文本显示新题目
myAns.text=""; //输入文本框置空
}
```

（4）至此,完成了《语文填空题》课件的制作,按快捷键 Ctrl＋Enter 测试运行效果。

四、案例——英语拼写题

作品简介:画面中呈现动物的形状和中文名字,用户在键盘上拼写动物的英文名字,当字母拼对时,右侧会出现一个粉红色的表情并伴有悦耳的效果音,方框中也会显示输入的字母;如果字母拼错,则右侧出现一个绿色的表情并伴有难听的效果音,输入的字母并不显示在方框中。第 1 个单词拼写结束,按空格键,进入下一个单词的测试,动物的形状和中文名字也会更新;所有单词都拼写结束,返回到第 1 个单词进行测试。

（一）页面和题目布置

（1）新建 Flash 文件。新建文件大小为 500×350 像素,背景色为白色,帧频为 24 fps,保存文件为"英语拼写题.fla"。

（2）新建"背景"图层,在画面正上方书写标题"你认识这些动物的英文名字吗?",并备注使用空格键切换页面;将手的素材放置到画面正下方,如图 3.2.20 所示。

（3）新建"题目"图层，插入传统文本框，命名为"question_txt"，字体设置为幼圆，取消勾选"在文本周围显示边框"；继续插入动态文本框，命名为"key_txt"，字体设置为Times New Roman，选择"在文本周围显示边框"，如图 3.2.21 所示。两个文本框的字体设置完毕后，均要单击"嵌入"按钮，将字体键入到作品中。

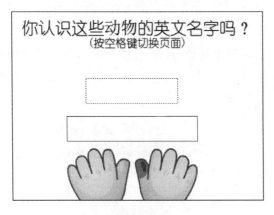

图 3.2.20   图 3.2.21

（4）新建"动物"元件，将狮子、老虎和大象的图形素材分别放置在第 1～3 帧，如图 3.2.22 所示，并在第 1 帧输入动作脚本 stop()，使影片暂停在第 1 帧。回到场景 1，新建"动物"图层，如图 3.2.23 所示，将动物元件拖放到舞台上，并命名为"animal_mc"。

（a）   （b）   （c）

图 3.2.22

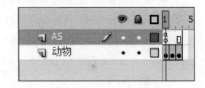

图 3.2.23

（5）新建"正确反馈"元件，一个红色笑脸从舞台左边进入后停留片刻再退出舞台，过程如下。

① 在"灰圆"和"红脸"图层的第 2 帧插入关键帧，将素材放置到舞台上，如图 3.2.24 所示。

② 在第 8 帧插入关键帧，向左移动素材的位置。

③ 在第 14 帧插入关键帧。

④ 复制第 2 帧，到第 18 帧处粘贴帧。

⑤ 在第 2～8、第 14～18 帧创建传统补间动画。

⑥ 在"声音"图层的第 2 帧，插入"正确声音"素材。

⑦ 在"AS"图层第 1 帧输入动作脚本 stop()，使影片暂停在第 1 帧，图层结构如图 3.2.25 所示。

图 3.2.24

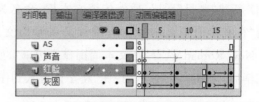

图 3.2.25

（6）"错误反馈"元件制作的方法同上。回到主场景，新建"反馈"图层，将正确反馈和错误反馈元件拖放到舞台左边的合适位置，分别命名为"right_mc"和"wrong_mc"，如图 3.2.26 所示。主场景图层结构如图 3.2.27 所示。

图 3.2.26

图 3.2.27

（二）动作脚本

（1）新建"AS"图层，在第 1 帧中输入动作脚本，首先是变量初始化和赋值。因为第 1 个单词输入完成后会迅速切换到下一单词，导致第 1 个单词的最后一个字母不可见，所以在数组 questEn 中每个英文单词后面都增加了一个空格。

```
var questCn=["狮子","老虎","大象"]; //将动物的中文名字保存在数组 questCn 中
var questEn = ["lion ","tiger ","elephant "];  //将动物的英文名字保存在数组
questEn 中
var i=0; //计数变量,统计当前拼写字母的个数
var j=0; //计数变量,统计当前拼写单词的个数
var ans=""; //字符串变量,暂存用户输入的正确字母
question_txt.text=questCn[j]; //题目显示第 j+1 个动物的中文名字
```

（2）侦听用户按键事件，判断是否输入了正确的字母，判断当前单词是否输入完毕，判断所有单词是否全部测试完毕。

```
stage.addEventListener(KeyboardEvent.KEY_DOWN,chkAns);
//场景舞台的按下键盘按键事件监听器
function chkAns(me:KeyboardEvent){
var keyChar:String=String.fromCharCode(me.charCode);
//取得用户键盘按键的 ASCII 码,转化为字符,存储在字符串变量 keychar 中
var ansChar:String=questEn[j].substr(i,1);
//取得第 j+1 个单词的第 i+1 个字符,存储在字符串变量 ansChar 中
if (keyChar.toLowerCase()==ansChar.toLowerCase()){
```

```
//将 keyChar 和 ansChar 都转换为小写字母,并判断二者是否相等
    ans=ans+keyChar;
    i++;
    //如果输入正确,将用户输入的字符接到变量 ans 中,拼写字母的计数变量加 1
    if (questEn[j].length< =i){
      ans="";
      i=0;
      j++;
      animal_mc.nextFrame();
      //当第 j+1 个单词答案全部比对完成后,暂存用户输入字母的变量 ans 置空,拼写字母
      计数变量重置为 0,拼写单词计数变量加 1,动物元件播放下一帧,页面进入下一题
    }else{
    right_mc.gotoAndPlay(2);//正确反馈的元件播放第 2 帧
  }
}else{
    wrong_mc.gotoAndPlay(2);//错误反馈的元件播放第 2 帧
}
if(questEn.length==j){
    j=0;
    question_txt.text=questCn[j];
    key_txt.text=""
    animal_mc.gotoAndPlay(1);
    //如果 j 计数变量递增到与单词的个数相等,则全部题目已经做完。将所有变量重置,回
    到第 1 题重新测试
}else{
    question_txt.text=questCn[j];
    key_txt.text=ans;
    //如果题目还没完成,继续当前的测试,并将目前输入的答案显示在"key_txt"动态文本
    框中
    }
}
```

(3) 至此,完成了《英语拼写题》课件的制作,按快捷键 Ctrl+Enter 测试运行效果。

知识回顾

1. 根据所学的知识,生成一个 1~10 的随机数,把相应的动作脚本写在下面。

2. 根据所学的知识,定义一个数组并获取数组的长度,把相应的动作脚本写在下面。

实训三　选项交互型课件的制作

学习目标

（1）理解组件的基本概念和 RadioButton、CheckBox 等常用组件的使用方法。

（2）了解 Flash 文件与外部文件进行通信的方法。

（3）能够熟练运用 Flash 软件完成《单项选择题》作品的制作。

（4）能够熟练运用 Flash 软件完成《多项选择题》作品的制作。

（5）理解《动态加载型选择题》作品基本原理和实现方法。

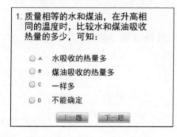

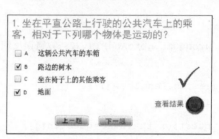

扫码下载源文件

一、ActionScript 3.0 与组件

（一）组件的定义

组件是用来简化交互式动画开发的一门技术，旨在让动画开发人员重用和共享代码，封装复杂功能，使程序设计与软件界面设计分离，提高代码的可复用性。使用户方便而快速地构建功能强大且具有一致外观和行为的应用程序。Flash 自带了很多组件，存放在"组件"面板中，利用这些组件可以在很短的时间内制作出带有交互性质的动画，如网页或课件中常用的问卷调查和选择题等。

组件是带有参数的影片剪辑，可以通过参数设置来修改组件的外观和行为。每个组件还有一组属于自己的方法、属性和事件，称为应用程序接口（application programming interface，API）。

每个 ActionScript 3.0 组件都是基于一个 ActionScript 3.0 类构建的，该类位于一个包文件夹中，其名称格式为 fl. packagename. className。例如，Checkbox 组件是 Checkbox 类的实例，其包名称为 fl. controls. Checkbox，如图 3.3.1 所示。将组件导入应用程序中时，必须引用包名称。一般可以用下面的语句导入 Checkbox 类：

```
import fl.controls. Checkbox;
```

图 3.3.1

图 3.3.2

（二）RadioButton 组件

RadioButton 组件的方法、事件如图 3.3.2 所示。RadioButton 组件只允许用户选择一组选项中的一个选项，所以又被称为单选按钮组件，外观如图 3.3.3 所示，属性设置如图 3.3.4 所示。

（1）enabled：设置当前单选按钮是否可用，默认情况下是可用的。

（2）groupName：当前单选按钮的组名称，同一组中的所有按钮的组名相同。

（3）label：设置按钮上的文本值，如 A、B、C、D 等选项序号。

（4）labelPlacement：确定单选按钮标签文本的方向，有上、下、左、右四种选择。

（5）selected：将单选按钮的初始值设置为选中（true）或取消选中（false）。

（6）value：当前单选按钮被选中后所返回的信息。

（7）visible：设置单选按钮是否可见。

图 3.3.3

图 3.3.4

（三）CheckBox 组件

CheckBox 组件允许用户选择一组选项中的多个选项，所以又被称为复选框组件。它是一个可以选中或者取消选中的方框，当它被选中后，框中会出现一个复选标记，如图 3.3.5 所示，属性设置如图 3.3.6 所示。

（1）enabled：设置当前复选框是否可用，默认情况下是可用的。

（2）label：设置复选框上文本的值，如 A、B、C、D 等选项序号。

（3）selected：将复选框的初始值设置为选中（true）或取消选中（false）。

（4）labelPlacement：确定复选框标签文本的方向，有上、下、左、右四种选择。

（5）visible：设置复选框是否可见。

图 3.3.5

图 3.3.6

二、与外部文件进行通信

ActionScript 3.0 包含用于从外部加载数据的机制，这些数据可以是静态内容（如文本文件),也可以是动态内容(如从数据库检索数据的 Web 脚本)。数据类型包括声音、图像、视频、其他 swf 应用等,而且这些数据未必是磁盘文件,从摄像头和麦克风获取的持续数据流,也是一种动态资源数据。

ActionScript 3.0 中,可以使用 URLLoader 和 URLRequest 类加载外部文件。可随后使用特定类来访问数据,具体取决于加载的数据类型。例如,如果将远程内容的格式设置为"变量名-变量值",则可以使用 URLVariables 类来分析服务器结果。或者,如果使用 URLLoader 和 URLRequest 类加载的文件是远程 XML 文件,则可以使用 XML 类的构造函数、XMLDocument 类的构造函数或 XMLDocument.parseXML()方法来分析 XML 文件。

URLLoader 类以文本、二进制数据或 URL 编码变量的形式从 URL 下载数据。URLLoader 类用于下载文本文件、XML 或其他要用于数据驱动的动态 ActionScript 应用程序中的信息。URLLoader 类使用 ActionScript 3.0 高级事件处理模型,使用该模型可以侦听诸如 complete、progress 等事件。URLLoader.load()方法的参数为 URLRequest 实例,如目标地址 URL。所谓 URL 编码变量,是 URL 编码格式提供的一种在单个文本字符串中表示多个变量的方法,各个变量采用 name=value 格式。各个变量(即各个"变量名-变量值")之间用"&"符隔开,如下所示:variable1=value1&variable2=value2。这样,便可以将不限数量的变量作为一条消息进行发送。

如果远程文件包含"变量名-变量值"格式的数据,可以使用 URLVariables 类来分析数据,如图 3.3.7 所示。外部文件中的每个"变量名-变量值"都创建为 URLVariables 对象中的一个属性。可以将 URLLoader.dataFormat 属性设置为在 URLLoaderDataFormat 类中找到的静态属性,如 URLLoaderDataFormat.VARIABLES,表示 URLLoader.data 属性包含 URLVariables 对象中存储的 URL 编码的变量。

以内容格式设置为"变量名-变量值"的外部文本文件为例,如图 3.3.8 所示,需要使用 URLRequest 类获取该文件的地址,然后把地址给 URLLoader 类的 load 方法作为参数加载到 Flash 中来,数据加载进来以后,要把数据格式设置为 URLLoaderDataFormat.VARIABLES,最后赋值给 URLVariables 类来分析数据。

图 3.3.7

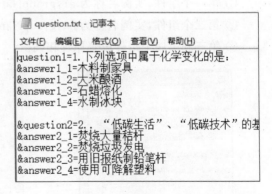

图 3.3.8

三、案例——单项选择题

1. 质量相等的水和煤油，在升高相
   同的温度时，比较水和煤油吸收
   热量的多少，可知：

   ○ A　水吸收的热量多
   ○ B　煤油吸收的热量多
   ○ C　一样多
   ○ D　不能确定

   [上一题]　[下一题]

作品简介：在画面中有五个选择题，分别通过五个画面来呈现，每个选择题有四个选项。单击每个选项可以得到正确或错误的反馈。通过单击"上一题"和"下一题"按钮，可以切换页面和题目。

（一）创建第 1 题

（1）新建 Flash 文件，文件大小为 450×300 像素，背景色为白色，帧频为 24fps，保存文件为"单项选择题.fla"。

（2）新建"题目"图层，使用静态文本工具输入第 1 题，如图 3.3.9 所示。

（3）新建"单选按钮"图层，打开"窗口"菜单中的"组件"面板，选择 RadioButton 组件，拖放到题目选项前方的位置，作为 A、B、C、D 单选按钮，如图 3.3.10 所示。

（4）设置组件的属性，groupName 为组的名称，同组 RadioButton 组件的 groupName 相同，label 为显示在页面上的标签，value 的值为 1 代表正确的答案，如图 3.3.11 所示。

1. 质量相等的水和煤油，在升高相
   同的温度时，比较水和煤油吸收
   热量的多少，可知：

   ○ A　水吸收的热量多
   ○ B　煤油吸收的热量多
   ○ C　一样多
   ○ D　不能确定

   图 3.3.9

① 第一个组件，实例名称为 a1，groupName 为 tm1，label 为 A，value 值为 1。

② 第二个组件，实例名称为 a2，groupName 为 tm1，label 为 B，value 值为 0。

③ 第三和第四个组件设置原理相同。

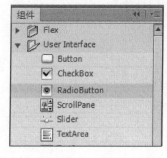

图 3.3.10

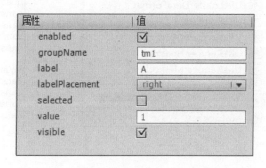

图 3.3.11

（5）新建"正误反馈"元件，在第 2 帧上绘制"×"，在第 3 帧上绘制"√"，如图 3.3.12 所示；新建图层，在第 1～3 帧创建关键帧，并分别输入动作脚本 stop()，如图 3.3.13 所示。

（6）回到主场景，新建"正误反馈"图层，将上述"正误反馈"元件插入到第 1 帧，并将实例命名为 rightOrWrong，如图 3.3.14 所示。

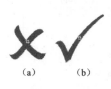

（a）　　（b）

图 3.3.12

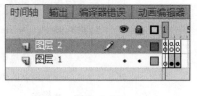

图 3.3.13

图 3.3.14

（7）新建"AS"图层，在第 1 帧中输入动作脚本，给每个 RadioButton 添加侦听器，侦听单击事件并进行正误判断。

```
stop(); //暂停此帧
var flag:uint; //定义判断正误的变量
a1.addEventListener(MouseEvent.CLICK,judge); //题目 1 的 a1 按钮侦听单击事件
a2.addEventListener(MouseEvent.CLICK,judge);
a3.addEventListener(MouseEvent.CLICK,judge);
a4.addEventListener(MouseEvent.CLICK,judge);
function judge(e:MouseEvent) {
    flag= e.target.value; //将用户单击的单选按钮的 value 参数值保存在变量 flag 中
    if (flag= = 1) { //如果用户选择的单选按钮的 value 参数值为 1
    rightOrWrong.gotoAndStop(3); //反馈结果显示√号
        } else {
    rightOrWrong.gotoAndStop(2); //反馈结果显示×号
        }
}
```

（8）按快捷键 Ctrl＋Enter 测试影片，第 1 个题目能够正常运行，图层结构如图 3.3.15 所示，运行效果如图 3.3.16 所示。

图 3.3.15

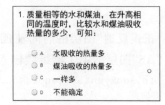

图 3.3.16

（二）创建其他题目

（1）新建"切换按钮"图层，打开"窗口"菜单中的"外部库"面板，如图 3.3.17 所示，选择系统预设的按钮，拖放到舞台上，将按钮上的"Enter"修改为"上一题"，元件命名为

button1,实例命名为 prev_btn。复制 button1 为 button2,将按钮上的"上一题"改为"下一题",元件命名为 button2,实例命名为 next_btn。效果如图 3.3.18 所示。

图 3.3.17

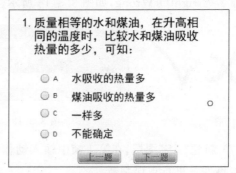

图 3.3.18

（2）在"题目"图层的第 2～5 帧分别插入关键帧,依次录入第 2～5 题,即每帧代表一个页面,如图 3.3.19 所示。

（3）在"单选按钮"图层的第 2～5 帧分别插入关键帧,每帧放入 4 个 RadioButton 按钮,属性设置与第 1 题相同,只是编号和正确答案的选项不同,如第二个按钮实例名称为 b2,设置 groupName 为 tm2,label 为 B,value 值为 0,如图 3.3.20 所示。

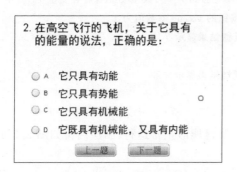

图 3.3.19

图 3.3.20

（4）将"正误反馈"图层的时间轴延续到第 5 帧。

（5）在"AS"图层的第 1 帧继续输入动作脚本,实现上一题与下一题之间的切换。

```
next_btn.addEventListener(MouseEvent.CLICK,frame_next); //下一题按钮侦听单击
事件
function frame_next(event){
    this.nextFrame();//跳转到下一页面
}
prev_btn.addEventListener(MouseEvent.CLICK, frame_prev); //上一题按钮侦听单击
事件
function frame_prev(event:MouseEvent):void
```

```
{
    this.prevFrame();//跳转到上一页面
}
```

（6）在"AS"图层的第 2～5 帧分别插入关键帧,以第 2 帧为例,输入动作脚本如下:

```
stop();//暂停在此帧
rightOrWrong.gotoAndStop(1);//判断正误的元件恢复原态
b1.addEventListener(MouseEvent.CLICK,judge);
//第 1 个选项按钮侦听单击事件,判断该选项的正确答案或错误答案。
b2.addEventListener(MouseEvent.CLICK,judge);
b3.addEventListener(MouseEvent.CLICK,judge);
b4.addEventListener(MouseEvent.CLICK,judge);
```

（7）第 3～5 帧的代码与第 2 帧相同,只是选项按钮实例的名称有所不同,如图 3.3.21 所示。至此,《单项选择题》课件制作完成,效果如图 3.3.22 所示。

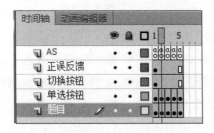

图 3.3.21

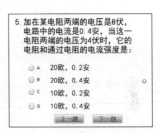

图 3.3.22

四、案例——多项选择题

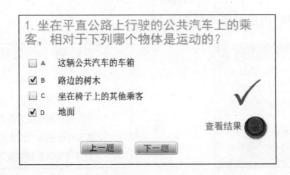

作品简介:在画面中有五个选择题,分别通过五个画面来呈现,每个选择题有四个选项,可以进行多选,选择完毕单击"查看结果"按钮,可以得到正确或错误的反馈。通过单击"上一题"和"下一题"按钮,可以切换页面和题目。

（一）页面设置和题目创建

（1）新建 Flash 文件,文件大小为 500×300 像素,背景色为白色,帧频为 24fps,保存文件为"多项选择题.fla"。

（2）新建"题目"图层，在第 1～5 帧分别插入关键帧，在第 1 帧输入第 1 个题目，在第 2 帧输入第 2 个题目，其他题目操作相同。

（3）新建"选项文本"图层，在第 1～5 帧分别插入关键帧，在第 1 帧输入第 1 个题目的四个选项，如图 3.3.23 所示，在第 2 帧输入第 2 个题目的四个选项，其他题目选项的操作相同，如图 3.3.24 所示。

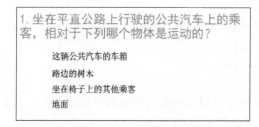

图 3.3.23 · 图 3.3.24

图 3.3.25

（4）新建"选项按钮"图层，在第 1 帧插入关键帧。打开"窗口"菜单中的"组件"面板，勾选"CheckBox"复选框，如图 3.3.25 所示，拖放到舞台上，作为四个选项的按钮。第一个 CheckBox，实例名称设置为 cBox1，label 为 A，selected 值为 false，如图 3.3.26 所示；其他选项按钮的属性设置类似，只是实例名称和 label 属性设置不同，效果如图 3.3.27 所示。

（5）在"选项按钮"图层的第 5 帧插入帧。

图 3.3.26

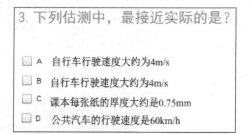

图 3.3.27

（6）新建"切换按钮"图层，从"外部库"中选择两个按钮拖放到舞台上，实例分别命名为 prev_btn 和 next_btn，将按钮上的文字修改为"上一题"和"下一题"，如图 3.3.28 所示。

（7）新建"判断按钮"图层，从"外部库"中选择一个按钮拖放到舞台上，实例命名为 result_btn，在按钮旁边输入静态文本"查看结果"，如图 3.3.29 所示。

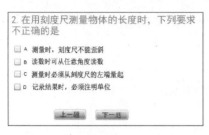

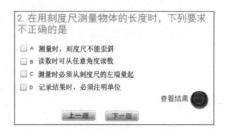

图 3.3.28　　　　　　　　　图 3.3.29

（8）新建"正误反馈"元件，在第 2 帧上绘制"×"，在第 3 帧上绘制"√"，如图 3.3.30 所示；新建图层，在第 1～3 帧创建关键帧，并分别输入动作脚本 stop()，如图 3.3.31 所示。

（9）回到主场景，新建"正误反馈"图层，将上述"正误反馈"元件放置到舞台上，延续至第 5 帧，并将实例命名为 rightOrWrong，如图 3.3.32 所示。

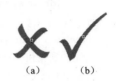

图 3.3.30

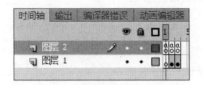

图 3.3.31　　　　　　　　　图 3.3.32

（二）动作脚本

（1）新建"AS"图层，将第 1～5 帧分别转化为关键帧。在第 1 帧输入动作脚本，实现以下功能。

① 给 result_btn 按钮添加侦听器，当单击时，判断第 1 题的选项是否正确。

② 给 next_btn 按钮添加侦听器，当单击时，跳转到下一帧，并将选项按钮和反馈元件恢复原状。

③ 给 prev_btn 按钮添加侦听器，当单击时，跳转到上一帧，并将选项按钮和反馈元件恢复原状。

```
stop();//暂停
result_btn.addEventListener(MouseEvent.CLICK,judge1);
//侦听单击,判断答案对错
function judge1(me:MouseEvent){
if (cBox1.selected==false && cBox2.selected==true && cBox3.selected==false
&& cBox4.selected==true) {   //如果 B 和 D 被同时选中,其他选项没选
rightOrWrong.gotoAndPlay(3);条件满足则呈现正确的反馈
    } else {
rightOrWrong.gotoAndPlay(2);//条件不满足则呈现错误的反馈
   }
}
```

```
next_btn.addEventListener(MouseEvent.CLICK,frame_next);
//下一题按钮侦听单击事件
function frame_next(event){
    this.nextFrame();//跳转到下一页面
    cBox1.selected=false;//恢复选项按钮的默认状态
    cBox2.selected=false;
    cBox3.selected=false;
    cBox4.selected=false;
    rightOrWrong.gotoAndStop(1);//正误反馈元件恢复原态
}
prev_btn.addEventListener(MouseEvent.CLICK, frame_prev);
//上一题按钮侦听单击事件
function frame_prev(event:MouseEvent):void
{
    prevFrame();//跳转到上一页面
    cBox1.selected=false;//恢复选项按钮的默认状态
    cBox2.selected=false;
    cBox3.selected=false;
    cBox4.selected=false;
    rightOrWrong.gotoAndStop(1);//正误反馈元件恢复原态
}
```

(2) 在"AS"图层的第 2 帧插入关键帧,输入动作脚本,判断第 2 题的选项是否正确。

```
stop();//暂停
result_btn.addEventListener(MouseEvent.CLICK,judge2);
function judge2(me:MouseEvent){
if (cBox1.selected==false && cBox2.selected==true && cBox3.selected==true
&& cBox4.selected==false) { //如果 B 和 C 被同时选中,其他选项没选
rightOrWrong.gotoAndPlay(3);
    } else {
        rightOrWrong.gotoAndPlay(2);
    }
}
```

(3) 在"AS"图层的第 3～5 帧插入关键帧,题目制作过程与第 2 题相同,动作脚本也与第 2 帧相似,只是正确和错误的选项不同而已,图层结构如图 3.3.33 所示,运行效果如图 3.3.34 所示。

图 3.3.33

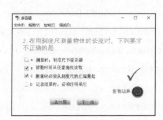

图 3.3.34

五、案例——动态加载型选择题

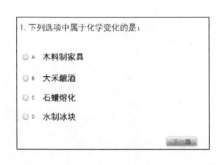

作品简介：在画面中有五个选择题，通过加载外部文本文件的形式呈现在不同的页面上，每个选择题有四个选项，单击"下一题"按钮可以跳转到下一页面。在最后的页面中，对用户的测试结果进行了统计。修改外部文件中的内容，画面上的题目也会随之变化，提高了课件的适用性与重用性。

（一）页面设置和题目创建

（1）新建 Flash 文件，文件大小为 500×330 像素，背景色为白色，帧频为 24 fps，保存文件为"动态加载型选择题.fla"。

（2）新建"动态文本"图层，在第 1 帧中插入 5 个动态文本框，如图 3.3.35 所示，设置字体为"黑体"，并分别命名为"question1""answer1_1""answer1_2""answer1_3""answer1_4"，作为第 1 个题目，如图 3.3.36 所示。

（3）在"动态文本"图层的第 2 帧插入关键帧，将此帧所对应的动态文本的名称修改为"question2""answer2_1""answer2_2""answer2_3""answer2_4"，作为第 2 个题目。第3～5 题的题目制作原理相同。

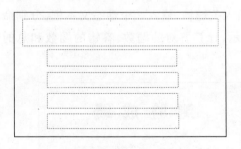

图 3.3.35　　　　　　　　　　　　　图 3.3.36

（4）新建"选项按钮"图层，在第 1 帧中插入 4 个 RadioButton 按钮，分别命名为"a1""a2""a3""a4"，所对应的标签分别是 A、B、C、D，如图 3.3.37 所示，组名都设置为 tm。第 1 题的正确答案是 B，所以 a2 的 value 设置为 1，如图 3.3.38 所示，其他按钮的 value 值为 0。

（5）在"选项按钮"图层的第 2 帧中插入关键帧，将此帧所对应的 RadioButton 按钮

的名称修改为"b1""b2""b3""b4",第 2 题的正确答案是 A,所以 b1 的 value 值设置为 1,其他按钮的 value 值为 0。第 3～5 题的选项按钮的制作原理相同。

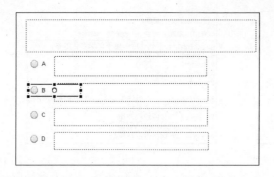

图 3.3.37   图 3.3.38

(6)新建"翻页按钮"图层,在第 1 帧中插入 1 个"下一题"按钮,如图 3.3.39 所示,命名为"button1",在第 2 帧插入关键帧,将按钮名称改为"button2"。同理,第 3～5 帧也转化为关键帧,按钮名称分别为 button3、button4 和 button5,如图 3.3.40 所示。

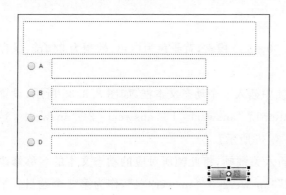

图 3.3.39   图 3.3.40

(7)新建"测试成绩"图层,在第 6 帧中插入关键帧,输入 3 个动态文本框,分别命名为 result1、result2 和 result3,如图 3.3.41 所示,计算答对的题数、答错的题数和总的得分,画面效果如图 3.3.42 所示。

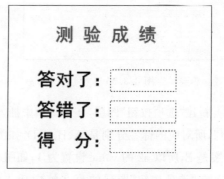

图 3.3.41   图 3.3.42

（二）动作脚本

（1）新建"AS"图层，在第 1 帧中输入动作脚本，进行变量的定义：

```
stop();//暂停此帧
var right=0;//用变量 right 记录答对题数量
var score=0;//用变量 score 记录最后的得分
var wrong=0;//用变量 wrong 记录答错题数量
var n=5;//总的题目数量
var url:String="question.txt";
//建立字符串变量 url,变量值为要进行读取动作的外部文件名称
```

（2）继续在"AS"图层的第 1 帧中输入动作脚本，使用 URLRequest、URLVariables、URLLoader 三个类来识别外部文件的地址、外部文件的数据类型，并进行外部文件的加载：

```
var myReg:URLRequest=new URLRequest(url);
//建立类对象 myReg,在 URLRequest 类对象构造函数中指定字符串变量,把字符串变量的值转
    换成为载入文本文件的目标路径
var myVar:URLVariables=new URLVariables();//建立 URLVariables 类对象 myVar
var myLoader:URLLoader=new URLLoader();//建立外部文件读取的类对象 myLoader
myLoader.dataFormat=URLLoaderDataFormat.VARIABLES;
//将 myLoader 读取的文件内容格式指定为"外部变量集合"
myLoader.load(myReg);//调用 load()方法载入外部文件的内容
```

（3）继续在"AS"图层的第 1 帧中输入动作脚本，侦听外部文件加载的进度，一旦加载完毕，就将外部文件中 question1、answer1_1 等变量的值，赋值给舞台上的动态文本对象。

```
myLoader.addEventListener(Event.COMPLETE,getCon);
//myLoader 外部文件读取对象的"动作完成"事件侦听器
function getCon(me:Event) {
    myVar=myLoader.data;
    //将已读取的外部文件内容指定给 URLVariables 类的对象 myVar
    question1.text=myVar.question1;
    //将 myVar 对象的相关属性指定给第 1 题的文本框
    answer1_1.text=myVar.answer1_1;
    answer1_2.text=myVar.answer1_2;
    answer1_3.text=myVar.answer1_3;
    answer1_4.text=myVar.answer1_4;
}
```

（4）继续在"AS"图层的第 1 帧中输入动作脚本，实现以下功能。

① 对用户输入的答案进行判断,如果答对,计数变量 right 加 1,如果答错,计数变量 wrong 加 1。

② 单击"下一题"按钮时,跳转到下一帧。

③ 将 question2、answer2_1 等变量的值,赋值给舞台上的动态文本对象,使屏幕上显示第 2 题。

```
button1.addEventListener(MouseEvent.CLICK, jump1);//button1 侦听鼠标点击事件
function jump1(event:MouseEvent){
    if (a2.selected ) { //如果最后选中的是第 1 题的第 2 个 RadioButton
        right++; //正确的计数+1
        }else{
        wrong++; //错误的计数+1
    }
    nextFrame();//单击以转到下一帧
    question2.text=myVar.question2;
    //将 myVar 对象的相关属性指定第 2 题的文本框
    answer2_1.text=myVar.answer2_1;
    answer2_2.text=myVar.answer2_2;
    answer2_3.text=myVar.answer2_3;
    answer2_4.text=myVar.answer1_4;
}
```

(5) 在"AS"图层的第 2 帧中输入动作脚本,实现单击"下一题"按钮时,题目继续刷新,并对用户的选择结果进行正误判断:

```
stop();
button2.addEventListener(MouseEvent.CLICK,jump2);
function jump2(event:MouseEvent){
    if (b1.selected ) { //如果最后选中的是第 2 题的第 1 个 RadioButton
        right++; //正确的计数+1
}else{
        wrong++; //错误的计数+1
    }
    nextFrame();
    question3.text=myVar.question3;
    answer3_1.text=myVar.answer3_1;
    answer3_2.text=myVar.answer3_2;
    answer3_3.text=myVar.answer3_3;
    answer3_4.text=myVar.answer3_4;
}
```

（6）"AS"图层的第 3～5 帧中的代码与第 2 帧原理相同。

（7）在"AS"图层的第 6 帧中输入动作脚本，按照满分 100 分的原则，计算用户的得分：

```
stop();
score=Math.round(100* right/n);   //计算测验成绩
result1.text=right;   //result1 动态文本显示的答对题数目
result2.text=wrong;   //result2 动态文本显示的答错题数目
result3.text=score;   //result3 动态文本显示的测验成绩
```

（8）至此，《动态加载型选择题》制作完成。用户可以更改记事本文件中的题目来生成新的选择题。注意，记事本文件和 swf 格式文件需要放在同一个文件夹中。

知识回顾

1. RadioButton 和 CheckBox 组件的属性不同，所以《单项选择题》和《多项选择题》中判断正确答案是否被选中的方法也不同，总结并写下相应的动作脚本。

2.《单项选择题》和《动态加载型选择题》的制作过程有哪些区别？

实训四　对象匹配型交互课件的制作

学习目标

(1) 掌握将库中声音元件定义为子类和加载的方法。

(2) 理解碰撞检测的基本原理及实现方法。

(3) 理解 Shape 类的基本原理及使用方法。

(4) 能够灵活运用 Flash 软件完成《拖拽匹配题》作品的制作。

(5) 能够灵活运用 Flash 软件完成《连线匹配题》作品的制作。

 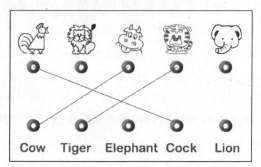

扫码下载源文件

一、ActionScript 3.0 基础知识

(一) 声音类

作为 Flash 课件制作的重要组成部分之一,声音起着重要的作用。悦耳动听的背景音乐能使人心情舒畅,美化课件,增强课件的感染力,调节用户的情绪。此外,在交互课件中,针对用户的操作而给出相应反馈的效果声音,也用途颇广。

1. 加载库中的声音

想要将声音添加到项目中,首先需要将声音文件导入到库中。选中库中的声音素材,右键打开属性设置对话框,在 ActionScript 选项卡中选择"为 ActionScript 导出",那么这个声音素材就成为 flash.media.Sound 类下面的用户自定义子类了,如图 3.4.1 所示。

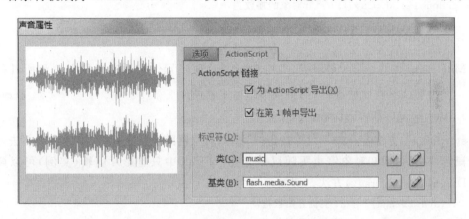

图 3.4.1

任何使用声音的类都需要导入 Sound 和 SoundChannel 类:

(1) import flash.media.Sound;

(2) import flash.media.SoundChannel。

在 Actionscript 3.0 中,创建声音和播放声音是两个独立的步骤,由两个相互独立的对象来控制。首先需要在舞台上创建一个要播放的声音对象,其实就是库中那个声音素材的对象。其次需要创建一个 SoundChannel 对象来真正播放声音。可以将 SoundChannel 看成一个"声音播放器",由它来具体执行播放声音的任务。如果没有这个 SoundChannel 对象,声音对象虽然可以播放,但是没有办法实现暂停、停止或者跳转到指定位置播放,此外,SoundChannel 还可以控制声音的相关参数,如音量、左右声道等。所以创建声音对象并播放出来,需要以下三行代码:

```
var snd:mymusic=new music(); //定义 music 类的一个对象 snd

var channel:SoundChannel=new SoundChannel(); //定义 SoundChannel 类的对象

channel=snd.play();//声音对象的播放
```

2. 加载本地声音

所谓本地声音,就是没有导入到 Flash 软件中,而是存储在本地计算机上,一般情况下会和 Flash 作品放置在同一个文件夹中。所以需要 URLRequest 类帮助 Flash 软件获取声音文件存储的地址。

```
import flash.media.Sound;
import flash.media.SoundChannel;
import flash.net.URLRequest;
var snd:Sound=new Sound();//定义 Sound 类的一个对象 snd
var channel:SoundChannel=new SoundChannel();//定义 SoundChannel 类的对象
var req:URLRequest=new URLRequest("汉宫秋月.mp3");//定义 URLRequest 类的对象
snd.load(req);//按照地址载入声音;
channel=snd.play();//声音对象的播放。
```

(二) MovieClip 类

MovieClip 类就是影片剪辑类,类中包括影片剪辑元件可以实现的方法和所具备的属性。以拖拽匹配类课件为例,主要会用到以下方法。

1. startDrag()和 stopDrag()方法

startDrag()方法是在按下鼠标按键时,通知对象跟随鼠标光标;stopDrag()方法是在松开鼠标按键时,通知对象停止跟随鼠标光标。Flash 中只有影片剪辑(实例)可以调用startDrag()和 stopDrag()方法。例如:

```
a1.startDrag(); // a1 实例开始被拖动
a1.stopDrag(); //a1 实例停止被拖动
```

如果想同时拖动多个对象,直接利用坐标定位也可以实现 startDrag()方法的拖动效果。

```
a1.x=a2.x=mouseX; // a1 和 a2 实例的横坐标等于当前鼠标位置的横坐标
a1.y=a2.y=mouseY; // a1 和 a2 实例的纵坐标等于当前鼠标位置的纵坐标
```

2. hitTestPoint()和 hitTestObject()方法

hitTestPoint()的功能是检测一个点是否与显示对象碰撞;而 hitTestObject()相对粗糙,只要两个可视对象的边框重叠,就认为两者已经发生碰撞。在拖拽题课件或拼图类课件中,后者用的相对较多。

```
var test=a1.hitTestPoint(mouseX, mouseY,true);
//a1 如果与鼠标发生碰撞则 test 值为 true,否则为 false
var test=a1.hitTestObject(a2) ; //a1 如果与 a2 发生碰撞则 test 值为 true,否则为
false
```

(三) Shape 类

每个 Shape、Sprite 和 MovieClip 对象都具有一个 graphics 属性,它是 Graphics 类的

一个实例。Graphics 类包含用于绘制线条、填充形状的属性和方法。Shape 实例的性能优于其他用于绘制的显示对象，因为它不会产生 Sprite 和 MovieClip 类中的附加功能的开销。以绘制直线为例，需要以下步骤：

1. 创建 Shape 类对象

首先要创建一个 Shape 类的对象，然后指定属于该 Shape 对象的 Graphics 对象，并通过此对象执行矢量图命令。

```
var myShape:Shape=new Shape();
```

2. 设置线条的样式

要创建纯色线条，可以使用 lineStyle()方法来指定笔触的外观。调用此方法时，最常用参数有线条粗细、颜色以及 Alpha 等。指示名为 myShape 的 Shape 对象绘制两个像素粗、红色(0x990000)以及 75%不透明的线条，脚本如下：

```
myShape.graphics.lineStyle(2, 0x990000, .75);
```

3. 设置线条的起点

绘制线条，首先要调用 moveTo()方法确定起点，然后再调用绘制方法，如 lineTo()（用于绘制直线）或 curveTo()（用于绘制曲线）等方法来绘制线条。

```
myShape.graphics.moveTo(100, 100);
```

4. 开始绘制线条

调用 lineTo()方法，Graphics 对象将绘制一条直线。例如，该行代码将绘制点放在点(100,100)上，然后绘制一条到点(200,200)的直线，在上述脚本基础增加：

```
myShape.graphics.lineTo(200, 200);
```

5. 将线条放到舞台上

使用从 DisplayObject 类继承的 addChild()方法将直线添加到舞台上。

```
addChild(myShape);
```

二、案例——拖拽匹配题

作品简介：画面上方有六只形态各异的小鸟，对应六个灰色阴影；按下鼠标拖动彩色的小鸟到对应的阴影上，会有悦耳的音乐响起，还有黄色的星星出现。如果拖动的位置不正确，则发出失败的声音，小鸟返回原来的位置。

（一）页面布置

（1）新建 Flash 文件，文件大小为 800×600 像素，背景色为白色，帧频为 24fps，保存文件为"拖拽匹配题.fla"。

（2）新建"背景"图层，绘制一个圆角矩形作为匹配区域，如图 3.4.2 所示。

（3）新建"小鸟"图层，在"文件"菜单中导入"小鸟.ai"素材文件到舞台，放置在舞台的下方，如图 3.4.3 所示。将每只小鸟转化为影片剪辑元件，并命名实例为 a0～a5。

图 3.4.2

图 3.4.3

（4）新建"阴影"图层，并调整到"小鸟"图层的下方。复制六只小鸟元件到该图层，将其尺寸适度调大，设置色彩效果面板中的色调为灰色，如图 3.4.4 所示，并命名实例为 b0～b5，然后打乱顺序放置，如图 3.4.5 所示。

图 3.4.4

图 3.4.5

（二）声音反馈

（1）执行"文件"→"导入"命令，将两个表示答题正确和答题错误的声音文件导入到库中。

（2）将正确反馈的声音元件命名为"right"。右击该元件，在弹出的声音属性对话框中，选择"高级"选项卡，在"链接"选项区域勾选"为 ActionScript 导出"复选框，在"类"文本框中输入 rightSound，如图 3.4.6 所示。上述步骤定义了一个 flash. media. Sound 类的子类 rightSound。单击"确定"按钮以后，会弹出一个警告对话框，如图 3.4.7 所示，其含义是：如果输入的类名称与应用程序大的类路径中的任何类的名称都不匹配，则会自动生成从 flash. media. Sound 类继承的新类。

（3）同理，将错误反馈的声音元件命名为"wrong"，定义类名为 wrongSound。

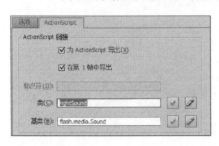

图 3.4.6

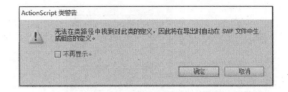

图 3.4.7

（三）特效反馈

（1）新建"星星"图形元件，绘制一颗黄色的五角星，如图 3.4.8 所示。

（2）新建"星星迸发"影片剪辑元件，新建图层 star1，将"星星"拖放到"星星迸发"的舞台上。选中 star1 图层，右击选择"复制图层"，将其复制为 star2～star6 图层，如图 3.4.9所示。

图 3.4.8

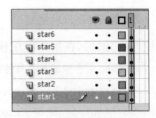

图 3.4.9

（3）星星从轨迹起点运动到轨迹终点，并慢慢消失的动画效果，制作过程如下。

① 在 star1 图层上右击，选择"添加传统运动引导层"，以星星为起点，绘制一条星星迸发的轨迹，如图 3.4.10 所示。

② 在 star1 图层第 10 帧插入关键帧，将星星的位置调整到轨迹的终点，将星星的尺寸适度调大，在第 1～10 帧创建传统补间动画。

③ 在第 20 帧插入关键帧，将星星的透明度设置为 0，在第 10～20 帧创建传统补间动画，如图 3.4.11 所示。

图 3.4.10

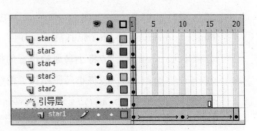

图 3.4.11

（4）同理，为 star2～star6 图层添加传统运动引导层，如图 3.4.12 所示。每颗星星的运动轨迹不同，所以引导层上的曲线也不同；每颗星星的运动速度不同，所以星星运动结束所对应的关键帧也不同，效果如图 3.4.13 所示。

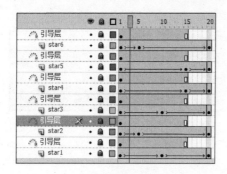

图 3.4.12

图 3.4.13

（5）新建"AS"图层，在第 1 帧和最后 1 帧插入关键帧，分别输入动作脚本 stop()。

（6）回到主场景，新建图层"星星"，将"星星迸发"元件放置在舞台外面，并命名实例为 star。

（四）动作脚本

（1）新建"AS"图层，在第 1 帧中输入动作脚本，首先声明变量及其类型。

```
var x1,y1:int; //存储的是小鸟的初始位置
var shade:Array=[b0,b1,b2,b3,b4,b5]; //将六个阴影放入到数组 shade 中
var rSound:rightSound=new rightSound();//定义名字为 rSound 的声音对象
var wSound:wrongSound=new wrongSound();//定义名字为 wSound 的声音对象
```

（2）在第 1 帧继续输入动作脚本，目的是给六个小鸟添加侦听器，一旦侦听到鼠标 MOUSE_DOWN 行为，就执行 movepic 函数。

```
a0.addEventListener(MouseEvent.MOUSE_DOWN,movepic); //给 a0 添加侦听器
a1.addEventListener(MouseEvent.MOUSE_DOWN,movepic);
a2.addEventListener(MouseEvent.MOUSE_DOWN,movepic);
a3.addEventListener(MouseEvent.MOUSE_DOWN,movepic);
a4.addEventListener(MouseEvent.MOUSE_DOWN,movepic);
a5.addEventListener(MouseEvent.MOUSE_DOWN,movepic);
function movepic(me:MouseEvent){   //定义 movepic 函数
x1=me.target.x;   //将小鸟原始位置的横坐标存储在 x1 中
y1=me.target.y;   //将小鸟原始位置的纵坐标存储在 y1 中
me.target.startDrag();   //拖动小鸟
    }
```

（3）在第 1 帧继续输入动作脚本，目的是给六个小鸟添加侦听器，一旦侦听到鼠标

MOUSE_UP 行为,就执行 stopmove 函数,判断小鸟是否被拖放到正确的匹配对象,如果正确,则新的坐标等于匹配对象的坐标,尺寸等于匹配对象的大小,并发出悦耳的音乐,迸发星光;如果匹配失败,则返回初始位置。

```
a0.addEventListener(MouseEvent.MOUSE_UP,stopmove);//给 a0 添加侦听器

a1.addEventListener(MouseEvent.MOUSE_UP,stopmove);

a2.addEventListener(MouseEvent.MOUSE_UP,stopmove);

a3.addEventListener(MouseEvent.MOUSE_UP,stopmove);

a4.addEventListener(MouseEvent.MOUSE_UP,stopmove);

a5.addEventListener(MouseEvent.MOUSE_UP,stopmove);

function stopmove(me:MouseEvent){ //定义 stopmove 函数

var i=me.target.name.charAt(1);

//获取当前所拖动对象的编号,如果拖动的对象是 a1,那么 i=1

stopDrag(); //停止拖动

if (me.target.hitTestObject(shade[i])){ //当前所拖动的对象是否和目标对象发生碰撞

    rSound.play(); //正确的声音响起

    me.target.scaleX=me.target.scaleY=0.78; //调整所拖动对象的大小

    me.target.x=star.x=shade[i].x; //所拖动对象的横坐标等于匹配目标的横坐标

    me.target.y=star.y=shade[i].y; //所拖动对象的纵坐标等于匹配目标的纵坐标

    star.gotoAndPlay(2); //星光迸发从第 2 帧开始运行

    }else{

wSound.play(); //错误的声音响起

me.target.x=x1; //所拖动对象的横坐标等于初始位置的横坐标

me.target.y=y1;  //所拖动对象的纵坐标等于初始位置的纵坐标

    }

}
```

(4)至此,《拖拽匹配题》制作完成,按快捷键 Ctrl+Enter 测试动画效果。

三、案例——连线匹配题

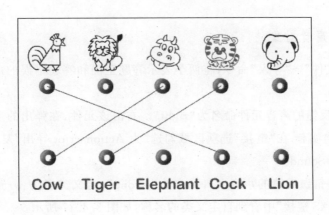

作品简介：画面上方有五个卡通动物，对应五个蓝色的按钮；画面下方有五个英语单词，也对应五个蓝色按钮。单击画面上方的蓝色按钮，会跟随鼠标绘制一条红色的直线，当鼠标找到正确的匹配单词，红线会固定下来，并发出悦耳的音乐。如果匹配的单词是错误的，红线不会固定下来，并发出失败的声音。

（一）页面布置

（1）新建 Flash 文件，文件大小为 550×400 像素，背景色为白色，帧频为 24fps，保存文件为"连线匹配题.fla"。

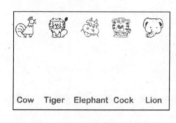

图 3.4.14

（2）新建"题目"图层，导入 5 个卡通图案素材，放置在画面上方，在画面的下方输入 5 个英语单词，如图 3.4.14 所示。

（3）新建按钮元件，命名为"连线按钮"。在元件内部的场景中，用绘图工具绘制圆形的按钮元件。

（4）回到主场景，新建"连线按钮"图层，将"连线按钮"元件拖放到该图层上，放置在动物形状的下方，分别定义这 5 个按钮的实例名为 a1～a5；继续将"连线按钮"元件拖放到该图层上，放置在英语单词的上方，分别定义实例名 w3、w4、w5、w1 和 w2，如图 3.4.15 所示。以狮子为例，如图 3.4.16 所示，图片对应的按钮是 a2，Lion 单词对应的按钮就是 w2。

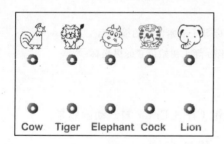

图 3.4.15

图 3.4.16

（二）设置声音对象

（1）执行"文件"→"导入"命令，将两个表示答题正确和答题错误的声音文件导入到库中。

（2）将正确反馈的声音元件命名为"right"。右击该元件，在弹出的声音属性对话框中，选择"高级"选项卡，在"链接"选项区域勾选"为 Actionscript 导出"复选框，在"类"文本框中输入 rightSound。

（3）同理，将错误反馈的声音元件命名为"wrong"，定义类名为 wrongSound。返回库面板，可以在"AS 链接"中看到自定义类的名称，如图 3.4.17 所示。

图 3.4.17

（三）动作脚本

（1）新建"AS"图层,在第 1 帧中输入动作脚本。这段脚本的主要功能是停止此帧运行,定义变量 j 用以判断当前鼠标所选中的动物对象,定义 rSound 和 wSound 两个声音对象,对匹配的结果进行反馈。

```
stop(); //停止
var j; //定义一个变量 j
var rSound:rightSound=new rightSound(); //定义一个名字为 rSound 的声音对象
var wSound:wrongSound=new wrongSound(); //定义一个名字为 wSound 的声音对象
```

（2）在第 1 帧继续输入动作脚本,目的是在五个动物按钮上添加侦听器,一旦侦听到单击行为,就执行 drawLine 函数。

```
a1.addEventListener(MouseEvent.CLICK,drawLine);//a1 按钮侦听单击事件
a2.addEventListener(MouseEvent.CLICK,drawLine);//a2 按钮侦听单击事件
a3.addEventListener(MouseEvent.CLICK,drawLine);//a3 按钮侦听单击事件
a4.addEventListener(MouseEvent.CLICK,drawLine);//a4 按钮侦听单击事件
a5.addEventListener(MouseEvent.CLICK,drawLine);//a5 按钮侦听单击事件
function drawLine(e:MouseEvent):void {  //定义 drawLine 函数
    j=e.target.name.charAt(1);
    //获得所单击按钮的名称字符串的第 2 个字符,并将其赋值给变量 j
    gotoAndPlay(2);//跳转到第 2 帧,开始执行画直线的代码
}
```

（3）在第 1 帧继续输入动作脚本,目的是在 w1 单词按钮上添加侦听器,一旦侦听到单击行为,就执行 judge1 函数来判断是否匹配成功。w2～w5 按钮相关联的脚本与 w1 相似,不再赘述。

```
w1.addEventListener(MouseEvent.CLICK,judge1);//w1 按钮侦听单击事件
function judge1(e:MouseEvent):void {  //定义 judge1 函数
    if (j==1) { //如果连线匹配,
```

```
    gotoAndStop(1);  //跳转到第 1 帧,停止绘图
    rSound.play();  //并且播放答案正确的声音
}else{//否则
    wSound.play();//播放答案错误的声音
    }
}
```

（4）在 AS 图层的第 2 帧插入关键帧,输入动作脚本,创建 myshape 对象,并设置其 Graphics 属性,调用绘图方法。

```
var myshape:Shape=new Shape();//创建一个名字为 myshape 的 Shape 对象
myshape.graphics.lineStyle(2, 0xff0000, 100);
//设置将要绘制的直线的粗细为 2,颜色为红色,不透明
myshape.graphics.moveTo(this["a"+j].x,this["a"+j].y);
//确定绘图的初始点——所单击按钮的坐标
myshape.graphics.lineTo(mouseX, mouseY);//跟随鼠标绘制直线
addChild(myshape);//在画面上显示绘制的直线
```

（5）在 AS 图层的第 3 帧插入关键帧,输入动作脚本,清除旧的图形,然后跳转回第 2 帧实时绘制新图形,如图 3.4.18 所示。

```
myshape.graphics.clear();//清除绘制的图形
gotoAndPlay(2);//跳转到第 2 帧
```

（6）至此,《连线匹配题》制作完成,如图 3.4.19 所示,按快捷键 Ctrl＋Enter 测试动画效果。

图 3.4.18

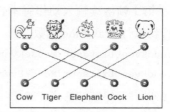

图 3.4.19

知识回顾

1. 与把声音素材直接拖放到舞台上的方法相比,动态加载库中的声音更具有灵活性和可控性。动态加载库中的声音,并实现播放和暂停的功能,把实现方法写在下面。

2. 使用动作脚本从画面左上角向右下角绘制一条直线,颜色为蓝色,粗细为 3,透明度为 75%,把实现方法写在下面。

186

实训五　游戏交互型课件的制作

学习目标

（1）理解 ColorTransform 类的基本概念及操作方法。

（2）理解 Timer 类和 setInterval()方法实现程序循环的基本原理。

（3）理解 switch-case 条件判断的逻辑流程。

（4）能够灵活运用 Flash 软件完成《我爱涂颜色》作品的制作。

（5）能够灵活运用 Flash 软件完成《打地鼠》作品的制作。

扫码下载源文件

一、ActionScript 3.0 基础知识

（一）ColorTransform 类

所有的显示对象都有一个 transform 属性，它是 flash.geom.Transform 类的一个实例，包含了可以用于缩放、旋转、定位和改变影片剪辑颜色的属性。Transform 类还包括 colorTransform 属性，能够调整显示对象的颜色。colorTransform 又是 ColorTansform 类的一个实例。

ColorTransform 类的 color 属性可用于为显示对象分配具体的红、绿、蓝（RGB）颜色值，使用 color 属性更改显示对象的颜色时，将会完全更改整个对象的颜色，无论该对象以前是否有多种颜色，无论内部是否还包括其他图形和元件。具体方法：

```
var my_color:ColorTransform=new ColorTransform();
//创建 ColorTransform类的对象，如图 3.5.1 所示
my_color.color=0xFFE9D2; //设置该对象的 color 属性的颜色值，如图 3.5.2 所示
a1.transform.colorTransform=my_color;
//把这个对象赋值给元件的 transform.colorTransform属性，如图 3.5.3 所示
```

　　　图 3.5.1　　　　　　　　　图 3.5.2　　　　　　　　　图 3.5.3

（二）Timer 类

Timer 类是 Flash Player 计时器的接口。可以创建新的 Timer 对象，以便按指定的时间顺序运行代码。使用 start（）方法来启动计时器，stop（）方法来停止计时器，如图 3.5.4 所示。可以创建 Timer 类的对象，添加 timer 事件侦听器，如图 3.5.5 所示，以便将代码设置为按计时器间隔运行，从而按计划执行代码。有时，Flash Player 会按稍有偏差的间隔调度事件，这取决于 SWF 文件的帧频或 Flash Player 的环境（可用内存及其他因素）。

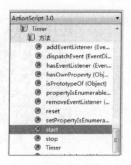　　　　　　　

　　　　图 3.5.4　　　　　　　　　　　　　图 3.5.5

在游戏型课件制作过程中,如果需要计时限制,可参考以下脚本:

```
import flash.utils.Timer;
var timer:Timer=new Timer(1000, 10);
//创建一个执行 10 次,每秒 1 次的 Timer 对象
timer.addEventListener(TimerEvent.TIMER, showTime); //侦听计时事件
timer.addEventListener(TimerEvent.TIMER_COMPLETE, timeComplete);
//侦听计时结束事件
timer.start();  //计时器开始运行
function showTime(event:TimerEvent):void
{
    trace(Math.abs(event.target.currentCount));  //输出每 1 次的计数值
}
function timeComplete(event:TimerEvent):void
{
    trace("Time over...");  //输出"Time over..."字符串
}
```

(三) setInterval()方法

setInterval()方法和 Timer 计时器类的功能非常相似。setInterval()方法可按照指定的周期(以毫秒计)来调用函数或计算表达式,如图 3.5.6 所示。setInterval()方法会不停地调用函数,直到 clearInterval()方法被调用或窗口被关闭,如图 3.5.7 所示。

图 3.5.6　　　　　　　　　　　　　　图 3.5.7

下面是使用 setInterval()方法制作的倒计时程序:

```
import flash.utils.setInterval;
var count:Number=10; //计数变量
var interval=setInterval(countDown,1000); //每隔 1000 ms 执行 1 次 countDown
function countDown (){
    showLabel.text="游戏结束还有:"+ count.toString()+ "秒";//动态文本更新显示剩
余时间
    count-=1; //计数变量减 1
    if(count<0)
```

```
    {
      clearInterval(interval); //如果计数结束,移除 interval 对象
      showLabel.text="GAME OVER" //动态文本显示"GAME OVER"
    }
  }
```

二、案例——我爱涂颜色

作品简介:这是一个填色游戏。在画面的右下角有 24 种颜色的画笔,用户可以选择其中的任何颜色,来给稻草人、云朵和草地等填色。

(一) 文件设置和界面准备

(1) 新建 Flash 文件,文件大小为 800×600 像素,背景色为白色,帧频为 24 fps,保存文件为"填色游戏.fla"。

(2) 新建"音乐"图层,将背景音乐导入到舞台上。

(3) 新建"底图"图层,将制作好的相框元件放置到中央,如图 3.5.8 所示。

(4) 新建"画面线条"图层,使用铅笔、直线等绘图工具制作稻草人、云朵、草地等的形状。注意,需要填充颜色的区域一定要用线条闭合,如图 3.5.9 所示。

图 3.5.8

图 3.5.9

(5) 复制"画面线条"图层,重命名为"画面色块",前景色设置为白色,将所有封闭区

域全部填充为白色,如图 3.5.10 所示。

(6)在"画面色块"图层,依次选取所填充的色块,注意不要选取线条,右击将其转化为影片剪辑元件。以帽子为例,选取头顶的补丁,将其转化为影片剪辑,命名为"帽子补丁1",另外一块补丁命名为"帽子补丁 2"。也可以按住 Shift 键同时选中多个色块,如右边的衣服被线条分为好几个色块,可以一起选中再转化为影片剪辑元件。全部转化完成以后,依次给每个实例命名为 b1,b2,b3,…,b37,如图 3.5.11 所示。

图 3.5.10 图 3.5.11

(7)新建"画笔盒"图层,绘制画笔的形状,如图 3.5.12 所示,并记录每支画笔所对应的颜色代码。如绿色画笔的颜色代码是"#66CC00",如图 3.5.13 所示。将做好的画笔整齐放置在画面右下角,依次给每个实例命名为 a1,a2,a3,…,a24,如图 3.5.14 所示。

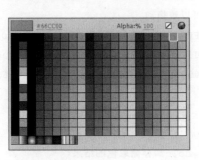

图 3.5.12 图 3.5.13 图 3.5.14

(8)新建"画笔"影片剪辑元件:

① 绘制画笔的形状,并填充为灰色,这是画笔未取色之前的状态,如图 3.5.15 所示。

② 在第 2 帧插入关键帧,将画笔颜色修改为画笔盒中第一支笔的颜色。

③ 在第 3 帧插入关键帧,将画笔颜色修改为画笔盒中第二支笔的颜色。

④ 依次类推,共计 25 帧。

⑤ 在"画笔"元件内部新建"AS"图层,插入 25 个关键帧,每帧上输入动作脚本 stop(),图层结构如图 3.5.16 所示。

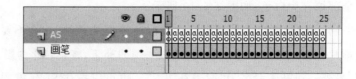

图 3.5.15   图 3.5.16

（9）返回主场景，新建"画笔"图层，如图 3.5.17 所示，将画笔元件放置在舞台上，命名为 pen_mc，如图 3.5.18 所示。

图 3.5.17

图 3.5.18

（二）动作脚本

（1）新建"AS"图层，在第 1 帧中输入动作脚本：

```
Mouse.hide();//鼠标隐藏
pen_mc.startDrag(true);//铅笔可以被拖动
var color_array=[0xFF9999,0xFFE9D2,0xFFCC00,0xFF6600,0xFF0000,0xFF3C8A,
0x848400,0xCCCC00,0x66CC00,0x66CC99,0x33CCCC,0x009999,0x95EDFD,0x26D3FF,
0x0099FF,0x0066CC,0x9999FF,0x993399,0xCC66CC,0xCC0033,0xCC6600,0xCC9900,
0x996633,0x000000];
//将 24 支画笔的颜色存入数组
var mycolor:ColorTransform=new ColorTransform();
//新建 ColorTransform 类的对象 mycolor,存储取色的结果
```

（2）继续输入动作脚本，实现单击颜色时，画笔的颜色也发生改变，并且获取颜色代码。

```
for (var i:int=1; i<=24; i++) //为 24 支画笔添加侦听器
{
    this["a"+i].addEventListener(MouseEvent.CLICK,colorSelect);
}
function colorSelect(me:MouseEvent){
  switch(me.target.name){
    case "a1":pen_mc.gotoAndStop(2);
        //如果选中 a1,那么铅笔暂停在第二帧(对应第 1 种颜色)
        mycolor.color=color_array[0];
```

```
    //将颜色数组中的第一个元素复制给 mycolor 对象的 color 属性
        break;
    case "a2":pen_mc.gotoAndStop(3);
            mycolor.color=color_array[1];
            break;
    …
  }
}
```

（3）继续输入动作脚本，实现单击色块时，色块的颜色和画笔的颜色一致。

```
for (var j:int=1; j<=37; j++)  //为 37 个色块添加侦听器，侦听单击事件
{
    this["b" + j].addEventListener(MouseEvent.CLICK,painting);
}
function painting(me:MouseEvent){
    me.target.transform.colorTransform=mycolor;
    //被单击色块的颜色改变为 mycolor 对象的颜色
}
```

（4）至此，《我爱涂颜色》课件制作完成，按快捷键 Ctrl＋Enter 测试动画效果。

三、案例——打地鼠

作品简介：在画面中有九个洞，地鼠每隔 1s 随机从任意一个洞钻出来，用户拖动槌子单击地鼠，如果打中，地鼠会变扁，并伴有惨叫声及光芒，画面右上角的"击中"数会增加，如果未打中，地鼠会继续随机出现在下一洞口。

（一）文件设置和界面准备

（1）新建 Flash 文件，文件大小为 640×480 像素，背景色为白色，帧频为 24fps，保存文件为"打地鼠.fla"。

（2）新建"背景"图层，将素材图片导入到舞台中。

（3）新建"背景"图层，在右上角分别放置两个静态文本，内容分别为"击中"和"总

数",在其后放置两个动态文本框,并分别命名为"ok"和"repeat",如图 3.5.19 所示。

(4) 新建"槌子"图层,将槌子图片素材封装成影片剪辑,放置在舞台任意位置。将实例命名为"hammer",如图 3.5.20 所示。

图 3.5.19   图 3.5.20

(二)地鼠元件制作

(1) 新建"光芒"图形元件,在舞台上绘制一个圆形边缘,填充边缘浅红色到中心透明的径向渐变色,如图 3.5.21 所示。

(2) 新建"地鼠"影片剪辑元件,将时间轴分为两段,第 1~5 帧为地鼠的正常状态,第 6~10 帧为地鼠挨打的状态。

(3) 新建"地鼠"层,将图 3.5.22 所示的素材图片导入到第 1 帧,置于舞台中央,并延续到第 5 帧。

(4) 新建"地鼠扁"层,在第 6 帧插入关键帧,将素材图片变扁,延续到第 10 帧。

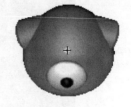

图 3.5.21   图 3.5.22

(5) 新建"声音"层,在第 6 帧插入关键帧,将声音素材拖放到舞台上,延续到第 10 帧,对应的时间轴上出现声波。

图 3.5.23

(6) 新建"光芒"层,在第 6 帧插入关键帧,将"光芒"元件放置在舞台上,变小变扁,在第 10 帧插入关键帧,将声波变大并且透明度变为 0,在第 6~10 帧制作传统补间动画。

(7) 新建"AS"层,在第 1 帧中输入动作脚本 stop(),作用是让地鼠在没有挨打时停留在第 1 帧,即保持正常的状态。图层结构如图 3.5.23 所示。

（三）跳跃的地鼠

（1）新建"地鼠跳跃"影片剪辑元件,将"地鼠"元件拖放到舞台中心下方,将其实例命名为"myMouse"。在第 23 帧插入关键帧,使起跳前和落地后的状态保持一致。

（2）在第 9 帧插入关键帧,将地鼠的位置向上移动一段距离,在第 15 帧插入关键帧,使地鼠跳跃到最高点的状态保持。在第 1～9、第 15～23 帧创建传统补间动画。

（3）新建图层,在地鼠的正上方,绘制一个形状,覆盖地鼠跳跃的整个面积,如图 3.5.24 所示。将该图层转化为遮罩层。

（4）在第 1 帧上输入动作脚本 stop(),使地鼠不被调用时保持静止,如图 3.5.25 所示。

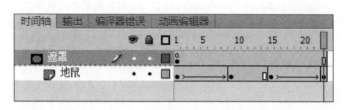

图 3.5.24　　　　　　　　　　　　　　　图 3.5.25

（四）ActionScript 代码

（1）在主场景中新建"地鼠"图层,将"地鼠跳跃"元件拖放到舞台上的任意位置,将其实例命名为"myMouseRun"。

（2）新建"AS"图层,输入动作脚本,首先进行定义变量。

```
var okNum:uint=0;//击中的次数
var repeatNum:uint=0;//出现的总数
var localArr:Array=[[122,337],[313,337],[501,337],[156,230],[315,230],
    [478,230],[177,152],[312,152],[455,152]];//9个地鼠出现的坐标
var myScaleX:uint=myMouseRun.scaleX;//提前保存地鼠的原始尺寸 (X 轴大小)
var myScaleY:uint=myMouseRun.scaleY;//提前保存地鼠的原始尺寸 (Y 轴大小)
```

（3）在"AS"图层,继续输入动作脚本,制作可拖动的槌子。

```
Mouse.hide();//隐藏鼠标
hammer.startDrag(true);//拖动锤子
```

（4）在"AS"图层,继续输入动作脚本,实现每隔 1 s 出现一个地鼠。

```
var myTimer=setInterval(showMouse,1000);//每隔 1000 ms 调用一次 showMouse
function showMouse(){
myMouseRun.scaleX=myScaleX;//地鼠恢复原始尺寸 (X 轴大小)
myMouseRun.scaleY=myScaleY;//地鼠恢复原始尺寸 (Y 轴大小)
var i:uint=Math.random()* 9;//生成 0~8 的随机数
switch(i){
```

```
        case 0:myMouseRun.scaleX* =1;myMouseRun.scaleY*=1;break;
        case 1:myMouseRun.scaleX* =1;myMouseRun.scaleY*=1;break;
        case 2:myMouseRun.scaleX* =1;myMouseRun.scaleY*=1;break;
        case 3:myMouseRun.scaleX* =0.78;myMouseRun.scaleY*=0.78;break;
        case 4:myMouseRun.scaleX* =0.78;myMouseRun.scaleY*=0.78;break;
        case 5:myMouseRun.scaleX* =0.78;myMouseRun.scaleY*=0.78;break;
        case 6:myMouseRun.scaleX* =0.57;myMouseRun.scaleY*=0.57;break;
        case 7:myMouseRun.scaleX* =0.57;myMouseRun.scaleY*=0.57;break;
        case 8:myMouseRun.scaleX* =0.57;myMouseRun.scaleY*=0.57;break;
        }//根据随机数的值计算地鼠应该显示的比例,要符合近大远小的规则
        myMouseRun.x=localArr[i][0];//设定地鼠的横坐标
        myMouseRun.y=localArr[i][1];//设定地鼠的纵坐标
        myMouseRun.gotoAndPlay(2);//地鼠跳跃从第 2 帧开始运行
        this.repeat.text=String(repeatNum+ + );//地鼠出现一次计数增加,初始值是 0
    this.ok.text=String(okNum);//显示地鼠被击中的次数,初始值是 0
        this.addEventListener(MouseEvent.CLICK,downMouse);//侦听单击事件
    }
```

(5) 在"AS"图层,继续输入动作脚本,判断地鼠是否击中:

```
function downMouse(e:MouseEvent){
    if (hammer.hitTestPoint(myMouseRun.x,myMouseRun.y,true)){myMouseRun.
        myMouse.gotoAndPlay(6);//地鼠被击中以后,发出惨叫并头冒金星
            okNum++;//击中次数增加
    }
}
```

(6) 至此,《打地鼠》游戏制作完成,按快捷键 Ctrl+Enter 测试动画效果。

知识拓展

1. 当给 30 个对象添加侦听器并执行同样的事件处理函数时,一般需要输入至少 30 行的脚本。如果利用数组存储 30 个对象,并利用循环语句依次给每个对象添加侦听器,代码会更加简洁,便于修改和编辑。请根据所学知识,把实现方法写在下面。

2. 根据所学的知识给《打地鼠》游戏添加倒计时功能。

模块四　Flash 课件综合实践项目

实训一　《找不同》网络游戏的设计与开发

学习目标

（1）了解游戏设计的基本流程。

（2）理解游戏设计中倒计时的设计方法。

（3）理解游戏中正确交互和错误交互的反馈方法。

（4）理解判断游戏成败的标准和设计方法。

（5）能够根据编译面板的提示查找程序中出现的问题。

（6）能够熟练运用 Flash 软件完成《找不同》游戏作品的制作。

扫码下载源文件

一、游戏简介

如图 4.1.1 所示,这是一款网络上常见的《找不同》游戏,就是从两张很相似的图片中找出不同的地方。左图为参照图,用户仔细观察右图中有哪些要素与左图不同,单击可以得到反馈。如果在正确的地方(如头巾)单击,则画面中会出现圆圈把不同的地方圈起来,并发出悦耳的音乐,正确的次数也会增加,当正确的次数达到九次时,游戏会成功结束;如果在错误的地方(如花盆)单击,则发出难听的音乐,错误的次数会增加,当错误的次数达到五次时,游戏会以失败告终。此外,游戏时间也有限制,必须要在 60 s 完成,否则也会以失败告终。如果用户想重新玩游戏,游戏结束后可以单击"REPLAY"按钮重新进行游戏。

图 4.1.1

游戏的运行流程如下。

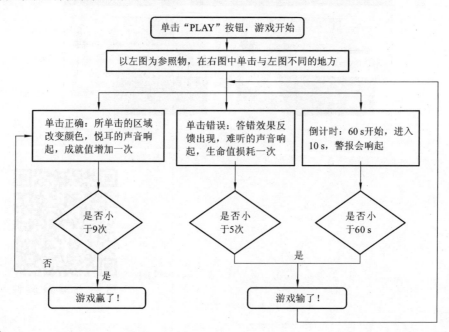

二、游戏制作过程

（一）图卡制作

（1）素材准备：如果选用了位图作为图卡，那么需要在其他软件如 Photoshop 中进行处理，使两张图片有所不同；如果选择矢量图作为图卡，如 ai 格式的矢量图，可以直接在 Flash 软件中进行编辑，例如，修改对象的大小、颜色，增加或删除某些对象。

（2）将参考图存为影片剪辑元件"左图"，如图 4.1.2 所示，将查找图存为影片剪辑元件"右图"，如图 4.1.3 所示。

图 4.1.2　　　　　　　　　　　　　　　　图 4.1.3

（3）不同区域的反馈：用户单击两个图片的不同区时，单击的地方会出现一个红色圆圈，并持久停留在画面上，表示用户已经找到了一个不同之处。

① 新建"不同区"影片剪辑元件，在舞台中心绘制一个无线条的圆形，填充粉红色，设置 Alpha 值为 0（建议游戏制作完成时，再修改为 0），如图 4.1.4 所示。

② 在第 2 帧插入关键帧，将圆形放大一些，修改 Alpha 为 20%，并添加边框，如图 4.1.5 所示。

③ 在第 1 帧上输入动作脚本 stop()，使元件默认停留在第 1 帧，图层结构如图 4.1.6 所示。

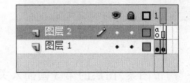

图 4.1.4　　　　图 4.1.5　　　　　　　　　　图 4.1.6

（4）相同区域的反馈：除了不同区域以外，其他区域均为相同区域。新建"相同区"元件，绘制一个无边框矩形，填充任意颜色，Alpha 值设置为 0，即不可见。

（5）根据上述步骤制作的素材，合成图卡。

① 新建元件"图卡"，将参考图和查找图放置在图层 1。

② 然后将"相同区"元件放置在图层 2，并命名实例为 SameZone，覆盖整个查找图。

③ 最后将"不同区"元件复制 9 个放置在图层 3,分别命名实例为 Different1,Different2,…,Different9,根据覆盖区域的不同,调整实例的大小和角度,如图 4.1.7 所示。

图 4.1.7

(6) 将图卡元件放置到舞台上,命名为 PatternCard。

(二) 游戏开始的拉帘效果

(1) 新建"门帘"影片剪辑元件,在"门帘图案"图层绘制两扇门帘形状,如图 4.1.8 所示。

(2) 新建"分割 1"图层,绘制两个横条作为百叶之间的分割线;新建"分割 2",再次绘制两个横条作为百叶之间的分割线……共计建立 9 个分割线图层,如图 4.1.9 所示。

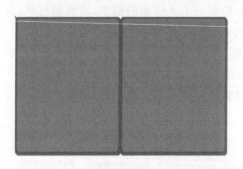

图 4.1.8

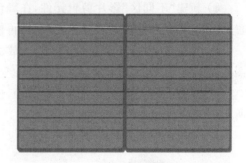

图 4.1.9

(3) 在"门帘图案"图层的第 3 帧插入关键帧,删除最下面一片百叶;在第 5 帧插入关键帧,再次删除下面的一片百叶……在第 19 帧插入关键,删除倒数第二片百叶;在第 21 帧插入关键帧,删除最后一片百叶。

(4) 随着百叶自下向上消失,分割线也自下向上逐渐消失。最下面的"分割 9"图层在第 4 帧插入帧;"分割 8"图层在第 6 帧插入帧……最后一个分割线是在第 21 帧消失。

(5) 新建"AS"图层,在第 1 帧输入动作脚本 stop(),使门帘元件默认停留在第 1 帧;在第 21 帧输入动作脚本 stop(),不让门帘元件反复运行。图层结构如图 4.1.10 所示。

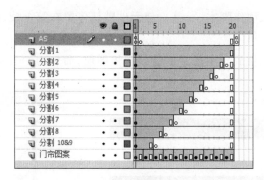

图 4.1.10

（6）将门帘元件放置到舞台上，命名为 door。

（三）按钮及反馈元件制作

1. 生命值耗损

功能：单击错误的地方（如空白处），左上方生命值面板中笑脸会减少一个。

（1）新建"生命值"影片剪辑元件，绘制 5 个圆形作为面板。

（2）插入新图层，绘制"笑脸"形状并复制为 5 个，放置在面板上方，如图 4.1.11 所示。

（3）继续插入新图层，在第 2 帧插入关键帧，复制前 4 个笑脸到该帧。

（4）继续插入新图层，在第 3 层插入关键帧，复制前 3 个笑脸到该帧……直到第 6 帧，笑脸的个数为 0。

（5）在第 1 帧输入动作脚本 stop()，使元件默认停留在第 1 帧，图层结构如图 4.1.12 所示。

（6）将"生命值"元件放到主场景的游戏面板图层，命名为 Life。

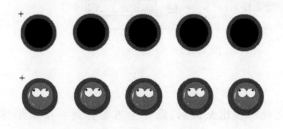

图 4.1.11

图 4.1.12

2. 成就值增加

功能：单击正确的地方（如煎蛋），右上方成就值面板中的方块会增加一个。

（1）新建"成就值"影片剪辑元件，绘制一个矩形作为面板。

（2）插入新图层，在第 2 帧插入关键帧，绘制 1 个"方块"形状，放置在面板的左边。

（3）继续插入新图层，在第 3 帧插入关键帧，绘制第 2 个方块……直到第 10 帧，共计绘制 9 个方块，如图 4.1.13 所示。

（4）在第 1 帧输入动作脚本 stop()，使元件默认停留在第 1 帧，图层结构如图 4.1.14 所示。

（5）将"成就值"元件放到主场景的游戏面板图层，命名为 DifferentPoint。

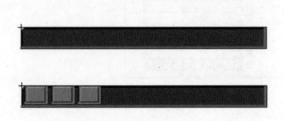

图 4.1.13   图 4.1.14

3. 答错效果反馈

功能：单击错误的地方（如空白处），在单击的位置出现一个波纹扩散的特效。

（1）新建"答错效果"影片剪辑元件。

（2）在第 2 帧插入关键帧，绘制圆圈图案并转存为图形元件，如图 4.1.15 所示。

（3）在第 11 帧插入关键帧，将图形元件的透明度设置为 0。

（4）在第 2～11 帧创建传统补间动画。

（5）在第 1 帧输入动作脚本 stop()，使元件默认停留在第 1 帧，即不可见状态，如图 4.1.16 所示。

（6）将"答错效果"元件放到主场景的游戏面板图层，命名为 WrongEffect。

图 4.1.15   图 4.1.16

4. 游戏成功反馈

功能：在规定时间内将所有的不同之处都找出来以后，画面上方会掉落一个矩形牌子，上面写着"WIN"字样。

（1）新建"游戏成功"图形元件，绘制一个矩形牌子和文字，如图 4.1.17 所示。

（2）新建"游戏成功 MC"影片剪辑元件，将"游戏成功"图形元件放置在第 1 帧。

（3）第 5 帧插入关键帧，将"游戏成功"图形元件向下移动，在第 1～5 帧创建传统补间动画。

（4）在第 6～16 帧制作牌子掉落后的抖动效果，如图 4.1.18 所示。

（5）在第 1 帧和最后 1 帧输入动作脚本 stop()，图层结构如图 4.1.19 所示。

（6）将"游戏成功 MC"元件放到主场景的游戏面板图层，命名为 GameComplete。

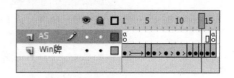

图 4.1.17　　　　　　　　图 4.1.18　　　　　　　　图 4.1.19

5. 游戏失败反馈

功能:没有在规定时间内将所有的不同之处都找出来,或者生命值已经损耗完毕,画面上方会掉落一个矩形牌子,上面写着"FAIL"字样,如图 4.1.20 所示。

"游戏失败 MC"影片剪辑元件的制作过程与"游戏成功 MC"相同,如图 4.1.21 和图 4.1.22 所示。将"游戏失败 MC"元件放到主场景的游戏面板图层,命名为 GameOver。

图 4.1.20　　　　　　　　图 4.1.21　　　　　　　　图 4.1.22

6. 倒计时反馈

选中主场景的游戏面板图层,在舞台右上角插入动态文本框,命名为 TimeText。

7. 播放与重播按钮

(1) 新建"PLAY"按钮元件,如图 4.1.23 所示,放到主场景的游戏面板图层,实例命名为 PlayBtn。

(2) 新建"REPLAY"按钮元件,如图 4.1.24 所示,放到主场景的游戏面板图层,实例命名为 ReplayBtn。

图 4.1.23　　　　　　　　　　　　　　　　　图 4.1.24

(四) 声音类的定义

(1) 将声音素材导入到库,因为声音素材并未直接拖放到舞台上,而是通过脚本来调用,所以先将每个声音定义为类。以倒计时声音 CountDown 为例,在库中选中这个素材,右击进行属性定义,勾选"为 ActionScipt 导出"复选框,就将这个声音定位为 flash.media.Sound 类下面的一个子类了,如图 4.1.25 所示。

图 4.1.25

（2）其他声音的定义方法相同，具体的功能如表 4.1.1 所示，不再赘述。

表 4.1.1

元件及类		说明
🔊 CountDown	CountDown	倒计时的声音
🔊 Emergency	Emergency	倒计时进入10s后的警报声音
🔊 Failed	Failed	游戏失败的声音
🔊 OpenDoor	OpenDoor	游戏开始开门的声音
🔊 RightAnswer	RightAnswer	单击正确答案的声音
🔊 Success	Success	游戏胜利的声音
🔊 WrongAnswer	WrongAnswer	单击错误答案的声音

（五）动作脚本

（1）变量初始化：在主场景中新建"AS"图层，在第 1 帧中输入动作脚本。

```
var WrongCount:int=0;//统计错误的次数
    var RightCount:int=0;
    var i:int; //循环计数变量
    var  DifferentZoneArray: Array = [ PatternCard. Different0, PatternCard.
Different1, PatternCard. Different2, PatternCard. Different3, PatternCard.
Different4, PatternCard. Different5, PatternCard. Different6, PatternCard.
Different7,PatternCard.Different8];//将 9 个不同区存放到数组中
var TimeCount=60; //倒计时变量,初始值为 60
var GameTimer:Timer=new Timer(1000); //创建定时器,每个 1000 ms 执行依次
var SoundOpenDoor:OpenDoor=new OpenDoor(); //定义开门声音的对象
var SoundWrongAnswer:WrongAnswer=new WrongAnswer();//定义答错声音的对象
var SoundRightAnswer:RightAnswer=new RightAnswer();//定义答对声音的对象
var SoundFailed:Failed=new Failed();//定义游戏失败声音的对象
var SoundSuccess:Success=new Success();//定义游戏成功声音的对象
var SoundCountDown:CountDown=new CountDown();//定义倒计时声音的对象
var SoundEmergency:Emergency=new Emergency();//定义警报声音的对象
```

（2）单击"PLAY"按钮：伴随声音门帘打开，隐藏当前不需要看到的画面要素，开始计时。

```
PlayBtn.addEventListener(MouseEvent.MOUSE_DOWN,PlayBtnDown);
//播放按钮侦听单击事件
function PlayBtnDown(me:MouseEvent) {
    Door.gotoAndPlay(2); //门帘打开
    SoundOpenDoor.play(); //开门声音响起
    PlayBtn.visible=false; //播放按钮隐藏
    GameOver.visible=false; //游戏结束反馈隐藏
    ReplayBtn.visible=false; //重播按钮隐藏
    GameComplete.visible=false; //游戏成功反馈隐藏
    GameTimer.start(); //计时器开始计时
    TimeText.text=TimeCount; //右上角初始显示 60
}
```

（3）相同区域单击的效果：出现错误反馈的图形和声音，错误计数值增加，生命值耗损 1 次，最后检测生命值是否为 0。

```
PatternCard.SameZone.Condition=true; //设置相同区的状态默认为真，即可单击
PatternCard.SameZone.addEventListener(MouseEvent.MOUSE_DOWN,SameZoneDown);
//图卡右侧相同区侦听单击事件
function SameZoneDown(me:MouseEvent) {
  if (PatternCard.SameZone.Condition){//如果相同区有效,可被单击
    WrongEffect.x=mouseX; //错误反馈的元件的位置等于当前鼠标位置
    WrongEffect.y=mouseY;
    WrongEffect.gotoAndPlay(2); //错误反馈元件从第 2 帧开始播放
    SoundWrongAnswer.play(); //答错的声音响起
    WrongCount+=1; //错误的次数加 1
    Life.gotoAndStop(WrongCount+ 1); //生命值元件向后播放 1 帧
    CheckGameOver();//检测错误的次数是否达到 5 次
  }
}
```

（4）检测生命值是否耗尽：当错误次数等于 5 时，出现游戏失败的图形和声音，画面上出现重播按钮，所有的区域单击无效，停止倒计时。

```
function CheckGameOver() {
  if (WrongCount==5) { //当错误次数为 5 时
    GameOver.visible=true; //出现游戏失败的元件
    GameOver.gotoAndPlay(2);//游戏失败的反馈从第 2 帧开始播放
    SoundFailed.play(); //游戏失败的声音响起
    ReplayBtn.visible=true; //出现重播的按钮
```

```
    for (i=0; i<9; i++) {
        DifferentZoneArray[i].Condition=false;
        //将所有不同区的状态设置为假,单击无效
        }
    PatternCard.SameZone.Condition=false; //相同区状态设置为假,不能被单击
    GameTimer.stop(); //停止计时
        }
    }
```

（5）不同区域单击的效果：出现正确反馈的图形和声音,正确计数值增加,成就值增加 1 次,最后检测成就值是否为 9。

```
    for (i=0; i<9; i++) {
        DifferentZoneArray[i].addEventListener(MouseEvent.MOUSE_DOWN,
        DifferentZoneDown); //循环 9 次,依次为右侧图卡的不同区添加侦听器
        DifferentZoneArray[i].Condition=true; //自定义状态属性,标记是否被单击过
    }
    function DifferentZoneDown(me:MouseEvent) {
    if (me.currentTarget.Condition) { //如果状态为真(还未被选过)
        me.currentTarget.gotoAndStop(2); //被单击的不同区暂停在第 2 帧(显示圆圈)
        SoundRightAnswer.play(); //答对的声音响起
        me.currentTarget.Condition=false; //单击之后状态设置为假
        RightCount+ =1; //正确的次数加 1
        DifferentPoint.gotoAndStop(RightCount+ 1);
        //成就值向后播放 1 帧,增加 1 个方块
        CheckGameComplete(); //检测 9 个不同区是否都被单击
        }
    }
```

（6）检测成就值是否达到 9 次：当正确次数等于 9 时,出现游戏胜利的图形和声音,所有区域单击无效,停止倒计时。

```
    function CheckGameComplete() {
    if (RightCount==9) { //当正确的次数等于 9
        PatternCard.SameZone.Condition=false; //相同区状态设置为假,不能被单击
        GameComplete.visible=true; //出现游戏胜利的反馈
        GameComplete.gotoAndPlay(2);//游戏胜利的反馈从第 2 帧开始播放
        SoundSuccess.play();//出现游戏胜利的声音
        GameTimer.stop();//倒计时结束
        }
    }
```

（7）倒计时反馈：当剩余时间大于 10,播放正常的倒计时声音,否则播放警报声音。当剩余时间为 0,出现游戏失败的图形和声音,画面上出现重播按钮,所有的区域单击无

效,停止倒计时。

```
GameTimer.addEventListener(TimerEvent.TIMER, GameTimerStart);
function GameTimerStart(te:TimerEvent) {
    TimeCount- =1; //倒计时秒数减 1
    TimeText.text=TimeCount; //画面右上角动态文本显示当前剩余秒数
    if (TimeCount==0) { //如果秒数等于 0
        GameOver.visible=true; //出现游戏失败的反馈
        GameOver.gotoAndPlay(2);//游戏失败的反馈从第 2 帧开始播放
        SoundFailed.play();//游戏失败的声音响起
        ReplayBtn.visible=true; //出现重播的按钮
        for (i=0; i< 9; i+ + ) {
        DifferentZoneArray[i].Condition=false;//9 个不同区失效,不能被单击
        }
        PatternCard.SameZone.Condition=false; //相同区状态设置为假,不能被单击
        GameTimer.stop();//计时结束
    }
    if (TimeCount> 10) {
        SoundCountDown.play(); //如果剩余时间大于 10s,倒计时声音响起
    } else {
        SoundEmergency.play(); //否则警报声音响起
    }
}
```

(8) 游戏重新播放:所有变量重新赋值为初始值,所有的画面元素恢复初始状态,所有区域均可被单击。

```
ReplayBtn.addEventListener(MouseEvent.MOUSE_DOWN,ReplayBtnDown);
//重播按钮侦听单击事件
function ReplayBtnDown(me:MouseEvent) {
    RightCount=0; //正确的次数清零
    WrongCount=0; //错误的次数清零
    DifferentPoint.gotoAndStop(1); //成就值面板复位
    Life.gotoAndStop(1); //生命值面板复位
    for (i=0; i< 9; i+ + ) {
        DifferentZoneArray[i].gotoAndStop(1);
        DifferentZoneArray[i].Condition=true; //所有不同区复位,可被单击
    }
    PatternCard.SameZone.visible=true; //相同区可被单击
    GameOver.visible=false;//游戏失败画面不可见
    Door.gotoAndStop(1);//门帘复位
    PlayBtn.visible=true;//播放按钮可见
```

```
TimeCount=60;//倒计时变量重新赋值为 60
TimeText.text=TimeCount; //画面右上角显示 60
SoundOpenDoor.play(); //开门声音响起
}
```

三、游 戏 测 试

按快捷键 Ctrl＋Enter 测试游戏,如果程序运行出问题,可以根据"输出"面板的提示和画面运行效果确定问题所在。例如,"术语尚未定义",如图 4.1.26 所示,很有可能忽视大小写,导致画面中实例的名称与脚本中所使用的名称不一致。

时间轴 **输出** 编译器错误 动画编辑器

TypeError: Error #1010: 术语尚未定义,并且无任何属性。
at _fla::MainTimeline/frame1()

图 4.1.26

游戏运行过程中会出现很多问题,例如,不同区单击了一次以后再次单击,成就值仍然增加;或者是游戏结束了,单击相同区时,仍然出现错误的反馈。遇到这种情况,就需要使用一个变量来控制其状态,何时有效何时无效,这也是上述脚本中自定义 Condition 属性的原因。

还有可能会出现其他问题,如无论单击哪里,不同区都得不到回应,总是出现单击错误的提示,这种情况下要考虑对象的层次是否出了问题,因为相同区的面积包括不同区,所以一定要将不同区放置在上面,优先被响应单击事件。

最后,成功挑战游戏获得胜利的界面如图 4.1.27 所示。

图 4.1.27

实训二　《小蝌蚪找妈妈》故事短片的设计与开发

学习目标

(1) 了解动画制作过程的整体规划和制作流程。

(2) 了解分镜头的基本概念和镜头策划的作用。

(3) 理解镜头变换，如推、拉、摇、移的作用和实现方法。

(4) 能够根据故事表达的需求设计合理的画面。

(5) 掌握动画短片声画同步、无缝整合的技法。

扫码下载源文件

一、故 事 简 介

故事梗概：小蝌蚪找妈妈，池塘里有一群小蝌蚪，大大的脑袋，黑灰色的身子，甩着长长的尾巴，快活地游来游去。小蝌蚪游啊游，过了几天长出了两条后腿，它们看见鲤鱼妈妈在教小鲤鱼捕食，就迎上去问："鲤鱼阿姨，我们的妈妈在哪里？"鲤鱼妈妈说："你们的妈妈有四条腿，宽嘴巴，你们到那边去找吧！"小蝌蚪游啊游，过了几天长出两条前腿，它们看见一只乌龟摆着四条腿在水里游，连忙追上去叫道："妈妈妈妈"，乌龟笑着说："我不是你们的妈妈，你们的妈妈头顶上有两只大眼睛，披着绿衣裳，你们到那边去找吧！"小蝌蚪游啊游，过了几天尾巴变短了，它们游到荷花旁边，看见荷叶上蹲着一只大青蛙，披着碧绿的衣裳，露着雪白的肚皮，鼓着一对大眼睛，小蝌蚪游过去，叫道："妈妈妈妈"，青蛙妈妈低头一看，笑着说："好孩子，你们已经长成青蛙了，快跳上来吧！"它们后腿一蹬向前一跳，蹦到了荷叶上，不知道什么时候小青蛙的尾巴已经不见了，它们跟着妈妈天天捉害虫。

二、素材准备与元件绘制

（一）青蛙呱呱叫

（1）绘制"青蛙头闭嘴""青蛙肚子""青蛙腿"图形元件，如图 4.2.1 所示，将其组合成一个青蛙，如图 4.2.2 所示，并转化为影片剪辑元件"青蛙呱呱叫"。

图 4.2.1   图 4.2.2

（2）将"青蛙头闭嘴"元件复制为"青蛙头嘴微张"和"青蛙头嘴大张"元件,在原来的基础上,修改嘴巴的形状。

（3）进入"青蛙呱呱叫"影片剪辑元件,在"头"图层上制作传统补间动画。首先使头向右旋转,然后按照制作"闭嘴-微张-大张-微张-闭嘴"的顺序制作青蛙呱呱叫的表情动画,如图 4.2.3 所示,最后使青蛙头向左旋转复位。图层结构如图 4.2.4 所示。

图 4.2.3

图 4.2.4

（二）幼年青蛙跳跃

（1）绘制"幼年青蛙嘴巴""幼年青蛙眼睛""幼年青蛙身体""幼年青蛙前腿""幼年青蛙后腿"等元件,如图 4.2.5 所示,将其组合成一个青蛙,如图 4.2.6 所示,并转化为影片剪辑元件"青蛙蹬腿"。

（2）在"青蛙蹬腿"元件中创建传统补间动画,将前腿向后旋转再复位,将后腿向前旋转再复位,将头身、眼睛、嘴等向左上方微移再复位。图层结构如图 4.2.7 所示。

图 4.2.5　　　　　图 4.2.6　　　　　　　图 4.2.7

（3）新建"幼年青蛙跳 1"影片剪辑元件,在三个图层上分别制作青蛙跳起再落回原处的动画,如图 4.2.8 所示,为了让跳跃效果自然一些,每只青蛙的起跳时间和跳跃的方向略有不同,图层结构如图 4.2.9 所示。

（4）新建"幼年青蛙跳 2"影片剪辑元件,制作青蛙在荷叶上跳跃的动画,如图 4.2.10所示。在三个图层上分别制作青蛙跳起再落回原处的动画,每只青蛙的起跳时间和结束时间不同,图层结构如图 4.2.11 所示。

图 4.2.8

图 4.2.9

图 4.2.10

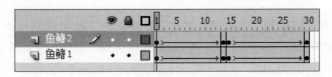

图 4.2.11

（三）鲫鱼摆尾

（1）新建"鱼鳍 1""鱼鳍 2"图形元件,如图 4.2.12 所示;新建"鱼鳍摆动"影片剪辑元件,创建传统补间动画,使鱼鳍 1 和鱼鳍 2 旋转一定的角度再复位,图层结构如图 4.2.13 所示。

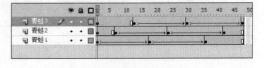

图 4.2.12　　　　　　　　　　　图 4.2.13

（2）新建"鱼身 1"图形元件,绘制金鱼的身体,如图 4.2.14(a)所示。然后将其复制为"鱼身 2""鱼身 3""鱼身 4""鱼身 5"元件,并分别修改金鱼尾巴的形状,如图 4.2.14(b)～图 4.2.14(e)所示。

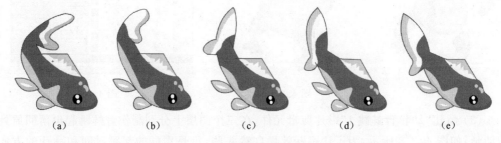

(a)　　　　　(b)　　　　　(c)　　　　　(d)　　　　　(e)

图 4.2.14

（3）新建"鲤鱼摆尾"影片剪辑元件,在"鱼身"图层上每隔 5 帧变换一次鱼身的状态,按照"鱼身 1-鱼身 2-鱼身 3-鱼身 4-鱼身 5-鱼身 4-鱼身 3-鱼身 2"的顺序,让鲤鱼完成一次完整的摆尾动作,如图 4.2.15 所示。在"侧鳍"图层上放置"鱼鳍摆动"元件到合适的位置。

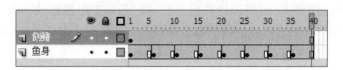

图 4.2.15

（四）乌龟和蝌蚪说话

（1）新建"乌龟左前腿""乌龟右前腿""乌龟左后腿""乌龟右后腿""乌龟肚子""乌龟尾巴""乌龟头闭嘴""乌龟壳"等图形元件，如图 4.2.16 所示。

图 4.2.16

（2）将"乌龟头闭嘴"元件复制为"乌龟头嘴微张"和"乌龟头嘴大张"元件，并分别修改嘴部的形状，如图 4.2.17 所示。新建"乌龟头说话"影片剪辑元件，按照"闭嘴-微张-大张-微张"的顺序完成乌龟说话的完整过程，图层结构如图 4.2.18 所示。

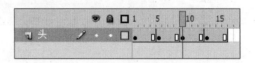

图 4.2.17　　　　　　　　　　图 4.2.18

（3）新建"乌龟左前腿游动"影片剪辑元件，将"乌龟左前腿"元件放置到舞台上，在第 20 帧插入关键帧，使其与第 1 帧的状态相同；在第 9 帧插入关键帧，将前腿旋转一定的角度，创建传统补间动画，动作过程如图 4.2.19 所示，图层结构如图 4.2.20 所示。乌龟其他腿部游动的动画，方法相同。

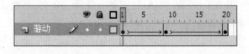

图 4.2.19　　　　　　　　　　图 4.2.20

（4）新建"乌龟尾巴摇动"影片剪辑元件，将"乌龟尾巴"元件放置到舞台上，在第 1~20 帧制作尾巴旋转再复位的动画，并延续到第 50 帧，动作过程如图 4.2.21 所示，图层结构如图 4.2.22 所示。

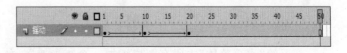

图 4.2.21　　　　　　　　　　图 4.2.22

（5）新建"乌龟和蝌蚪说话"影片剪辑元件，将"乌龟左前腿游动""乌龟左后腿游动""乌龟右前腿游动""乌龟右后腿游动""乌龟头说话""乌龟肚子""乌龟尾巴摇动""乌龟壳"等元件组合成一个完整的乌龟，如图 4.2.23（a）所示。

（6）在"头"图层上，创建关键帧，将"乌龟头说话"元件向上、向下旋转一定的角度，并在关键帧之间创建传统补间动画，制作说话时轻轻点头的动画，图层结构如图 4.2.24 所示。

（7）"乌龟回头说话""乌龟游泳"的影片剪辑制作方法类似，如图 4.2.23（b）和图 4.2.23（c）所示，不再赘述。

（a） （b） （c）

图 4.2.23

图 4.2.24

（五）水草摆动

（1）绘制水草叶和水草花，并分别转化为图形元件，如图 4.2.25 所示。然后将这些元件组合成一个"水草整体"影片剪辑元件，如图 4.2.26 所示。

（2）在"水草整体"影片剪辑元件中，将"叶 1""叶 5""花 1"图层的第 1 帧全部选中，在第 30、60 帧插入关键帧，在第 30 帧上将对象稍微向右旋转，在第 1～30、第 31～60 帧创建传统补间动画，如图 4.2.27 所示；同理，将"叶 2""叶 3""叶 4""花 2"图层的第 1 帧全部选中，在第 30、60 帧插入关键帧，在第 30 帧上将对象稍微向左转，在第 1～30、第 31～60 帧创建传统补间动画，如图 4.2.28 所示。

图 4.2.25　　　　　　图 4.2.26　　　　　　图 4.2.27　　　　　　图 4.2.28

（3）给"水草整体"中所有图层添加一个矩形遮罩，使水草放在水面上时，根部看上去自然一些，图层结构如图 4.2.29 所示。

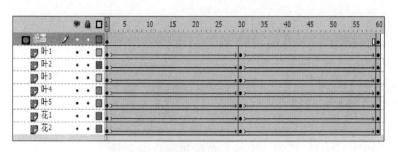

图 4.2.29

（六）海带飘动

（1）新建"海带 1"图形元件，在舞台绘制海带的形状；将"海带 1"复制为"海带 2""海带 3""海带 4"，在原有形状基础上修改一下外轮廓线条，如图 4.2.30 所示。

（2）新建"海带飘动 1"影片剪辑元件，按照"海带 1-海带 2-海带 3-海带 4"的顺序将海带元件放置在舞台上，一条飘动的海带就做好了，图层结构如图 4.2.31 所示。同理，按照"海带 2-海带 3-海带 4-海带 1"的顺序可以制作另一条飘动的海带。第三条海带的制作过程相同，不再赘述。

图 4.2.30

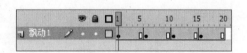

图 4.2.31

（3）将制作好的三条飘动的海带，任意组合和翻转，可以制作多组形态各异的海带，如图 4.2.32 所示。

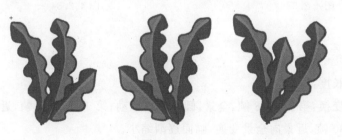

图 4.2.32

三、场 景 制 作

有些元件的绘制过程和动画制作过程，在前面的章节中已经讲过，不再赘述。把所有的元件都准备好以后，按照画面表达的需要将要素组合起来，制作《小蝌蚪找妈妈》的故事场景。

（一）场景一

（1）画面长度：113 帧。

（2）镜头变换：静止。

（3）字幕：小蝌蚪找妈妈。

（4）制作过程如下。

① 新建"场景 1"元件，绘制一个浅蓝色的矩形作为背景。

② 将"波点背景"元件放置在舞台中心。

③ 将"青蛙呱呱叫"元件放置在舞台中心。

④ 将"蝌蚪 1""蝌蚪 2""蝌蚪 3"元件复制多个，放置在青蛙元件的周围。

⑤ 在控制面板中选择"外观和个性化"，再打开"字体"面板，将"迷你简胖娃"字体复制到这个窗口中。然后，将写好的标题设置为"迷你简胖娃"。

⑥ 将标题文字分离两次，并转化为影片剪辑元件"标题"。选中标题，在属性面板添加"投影"滤镜效果。选中文字分离之后的形状，使用墨水瓶工具添加白色边框。

⑦ 将"场景 1"元件拖放到场景一的舞台上，在第 113 帧插入帧。图层结构如图 4.2.33 所示，画面效果如图 4.2.34 所示。

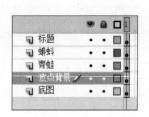

图 4.2.33

图 4.2.34

（二）场景二

（1）画面长度：730 帧。

（2）镜头变换：第 1～198 帧，全景，画面向右移动；第 199～452 帧，近景，画面向上移动；第 453～730 帧，近景向全景变换，画面逐渐缩小。

（3）字幕：池塘里有一群小蝌蚪，大大的脑袋，黑灰色的身子，甩着长长的尾巴，快活地游来游去。小蝌蚪游啊游。

（4）制作过程如下。

① 新建场景二，新建"场景 2"元件，这个场景中绘图部分不再赘述。

② 将"蝌蚪浮动 1"拖放到舞台上，并复制为 5 个，放置到合适位置。

③ 将"水草整体"拖放到舞台上，并复制为 3 个，放置到合适位置。

④ 将"荷叶漂浮"拖放到舞台上,并复制为 2 个,放置到合适位置。

⑤ 将"荷花摇浮"拖放到舞台上的合适位置。图层结构如图 4.2.35 所示,画面效果如图 4.2.36 所示。

图 4.2.35

图 4.2.36

⑥ 将制作好的"场景 2"元件拖放到场景二舞台上,尺寸略大于舞台大小;在第 20 帧插入关键帧,在第 198 帧插入关键帧,将"场景 2"元件向右移动;在第 20～198 帧创建传统补间动画,完成整个画面向右移动的过程。

⑦ 在第 199 帧插入关键帧,将"场景 2"元件放大,使蝌蚪占据画面的主体;在第 215 帧插入关键帧,在第 452 帧插入关键帧,将"场景 2"元件向上移动;在第 215～452 帧创建传统补间动画,完成蝌蚪画面向上移动的过程。

⑧ 在第 453 帧插入关键帧,在 475 帧插入关键帧,在第 730 帧插入关键帧,将"场景 2"元件缩小至舞台大小;在第 475～730 帧创建传统补间动画,完成画面由近景向全景的变换过程。

（三）场景三

(1) 画面长度:124 帧。

(2) 镜头变换:近景,画面向上移动。

(3) 字幕:过了几天长出了两条后腿。

(4) 制作过程如下。

① 新建场景三,新建"场景 3"元件,绘制一个蓝色到青色渐变的矩形作为背景。

② 将"一组海带"元件放置在舞台下方,并复制为 3 个。

③ 将"星光 1""星光 2""星光 3""星光 4"元件放置到舞台上,并复制若干次,调整大小和分布的状态。

④ 将"一簇气泡上升"元件放置在舞台下方;为了使气泡出现的时间不同,将有些气泡放置在第 25 帧上。

⑤ 将"蝌蚪浮动 2"元件放置舞台上,并复制为 5 个,调整大小和方向。图层结构如图 4.2.37 所示,画面效果如图 4.2.38 所示。

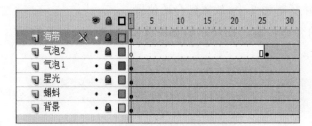

图 4.2.37　　　　　　　　　　图 4.2.38

⑥ 将制作好的"场景 3"元件拖放到场景三舞台上,尺寸大于舞台大小,使蝌蚪成为画面的主体。在第 105 插入关键帧,将整个画面向上移动,在第 1～105 帧创建传统补间动画,完成整个画面向上移动的过程。最后在第 124 帧插入帧。

(四) 场景四

(1) 画面长度:203 帧。

(2) 镜头变换:近景,画面向右移动。

(3) 字幕:它们看见鲤鱼妈妈在教小鲤鱼捕食,就迎上去问。

(4) 制作过程如下。

① 新建场景四。将"场景 3"元件复制为"场景 4"元件,在原有基础上进行修改。

② 在"场景 4"元件中,将蝌蚪图层删除,新建"鲤鱼漂浮"元件放置到舞台上,并复制为 4 个,调整大小和方向。

③ 新建"石头"图层,将"石头组合"元件放置到舞台下方,并复制为 2 个,调整大小和方向。图层结构如图 4.2.39 所示,画面效果如图 4.2.40 所示。

图 4.2.39　　　　　　　　　　图 4.2.40

④ 将制作好的"场景 4"元件拖放到场景四舞台上,尺寸大于舞台大小,使鲤鱼成为画面的主体。在第 30 帧插入关键帧,在第 203 帧插入关键帧并将整个画面向右移动,在第 30～203 帧创建传统补间动画,完成整个画面向右移动的过程。

(五) 场景五

(1) 画面长度:248 帧。

(2) 镜头变换:全景,画面向左移动;近景,画面向上移动。

（3）字幕：鲤鱼阿姨，我们的妈妈在哪里？鲤鱼妈妈说。

（4）制作过程如下。

① 新建场景五。将"场景 4"元件复制为"场景 5"元件，在原有基础上进行修改。

② 在"场景 5"元件中，新建"蝌蚪"图层，将"蝌蚪浮动 2"元件放置舞台上，并复制为 5 个，调整大小和方向。图层结构如图 4.2.41 所示，画面效果如图 4.2.42 所示。

图 4.2.41　　　　　　　　　　　　　　　　图 4.2.42

③ 返回场景五，新建图层"画面 1"，将制作好的"场景 5"元件放置在舞台上，尺寸略大于舞台大小，在第 20 帧插入关键帧，在第 179 帧插入关键帧并将整个画面向左移动，在第 20～179 帧创建传统补间动画，完成整个画面向左移动的过程。

④ 新建"画面 2"图层，在第 180 帧插入关键帧，将"场景 5"元件放置在舞台上，尺寸大于舞台大小，使鲤鱼成为画面的主体。在第 190 帧插入关键帧，在第 248 帧插入关键帧并将整个画面向上移动，在第 190～248 帧创建传统补间动画，完成整个画面向上移动的过程。

（六）场景六

（1）画面长度：171 帧。

（2）镜头变换：全景，画面逐渐放大。

（3）字幕：你们的妈妈有四条腿，宽嘴巴。

（4）制作过程如下。

① 新建场景六，新建"场景 6"元件，绘制一个浅蓝色到蓝色渐变的矩形作为背景。

② 新建"星光"图层，将"场景 5"中的星光复制到该图层。

③ 将"荷花摇摆""荷叶漂浮""荷花荷花漂浮""荷叶青蛙漂浮"元件放置到舞台上。图层结构如图 4.2.43 所示，画面效果如图 4.2.44 所示。

图 4.2.43　　　　　　　　　　　　　　　　图 4.2.44

④ 返回场景六,将制作好的"场景 6"元件放置在舞台上,尺寸等于舞台大小,在第 40 帧插入关键帧,在第 171 帧插入关键帧并将整个画面尺寸放大,在第 40~171 帧创建传统补间动画,完成整个画面逐渐放大的过程。

（七）场景七

(1) 画面长度:90 帧。

(2) 镜头变换:近景,画面向上移动。

(3) 字幕:你们到那边去找吧。

(4) 制作过程如下。

① 新建场景七,将"场景 5"元件放置在舞台上,尺寸大于舞台大小,使鲤鱼成为画面的主体。在第 20 帧插入关键帧,在第 90 帧插入关键帧并将整个画面向上移动,在第 20~90 帧创建传统补间动画,完成整个画面向上移动的过程。图层结构如图 4.2.45 所示,画面效果如图 4.2.46 所示。

图 4.2.45

图 4.2.46

（八）场景八

(1) 画面长度:184 帧。

(2) 镜头变换:全景,画面向右移动。

(3) 字幕:小蝌蚪游啊游,过了几天长出两条前腿。

(4) 制作过程如下。

① 新建场景八,将"场景 5"元件复制为"场景 8"元件,在原有基础上进行修改。

② 在"场景 8"元件中,将蝌蚪和鲤鱼图层删除。

③ 新建"小蝌蚪游泳 2"元件,创建补间动画,制作 5 个小蝌蚪错落有致地从画面左边游到右边的动画。图层结构如图 4.2.47 所示,画面效果如图 4.2.48 所示。

图 4.2.47

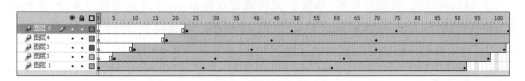

图 4.2.48

④ 在"场景 8"元件中新建"蝌蚪"图层，将"小蝌蚪游泳 2"元件放置在舞台上，图层结构如图 4.2.49 所示，画面效果如图 4.2.50 所示。

图 4.2.49

图 4.2.50

⑤ 返回场景八，将制作好的"场景 8"元件放置在舞台上，尺寸略大于舞台大小，在第 25 帧插入关键帧，在第 184 帧插入关键帧并将整个画面向右移动，在第 25～184 帧创建传统补间动画，完成整个画面向右逐渐移动的过程。

（九）场景九

（1）画面长度：91 帧。

（2）镜头变换：全景，画面向上移动。

（3）字幕：过了几天长出两条前腿。

（4）制作过程如下。

① 新建场景九，将"场景 8"元件复制为"场景 9"元件，在原有基础上进行修改。

② 将"场景 9"元件中的"小蝌蚪游泳 2"替换为"小蝌蚪浮动 1"，位置调整到舞台中央。图层结构如图 4.2.51 所示，画面效果如图 4.2.52 所示。

图 4.2.51

图 4.2.52

③ 返回场景九,将制作好的"场景9"元件放置在舞台上,尺寸大于舞台大小,使蝌蚪成为画面的主体,在第15帧插入关键帧,在第91帧插入关键帧并将整个画面向上移动,在第15～91帧创建传统补间动画,完成整个画面向上逐渐移动的过程。

（十）场景十

(1) 画面长度:171帧。

(2) 镜头变换:全景,画面逐渐放大。

(3) 字幕:它们看见一只乌龟摆着四条腿在水里游。

(4) 制作过程如下。

① 新建场景十,将"场景9"元件复制为"场景10"元件,在原有基础上进行修改。

② 修改"场景10"元件中"小蝌蚪浮动1"传统补间动画的起始和终点位置。

③ 新建"乌龟"图层,在第1～125帧创建传统补间动画,使小乌龟从画面左边游动到画面的右边。在第126帧插入关键帧,将"乌龟游泳"交换为"乌龟回头说话",在第171帧插入帧。图层结构如图4.2.53所示,画面效果如图4.2.54所示。

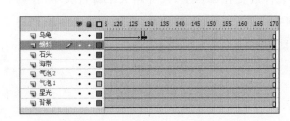

图 4.2.53   图 4.2.54

④ 返回场景十,将制作好的"场景10"元件放置在舞台上,尺寸等于舞台大小,在第20帧插入关键帧,在第171帧插入关键帧并将整个画面放大,在第20～171帧创建传统补间动画,完成整个画面逐渐放大的过程。

（十一）场景十一

(1) 画面长度:219帧。

(2) 镜头变换:近景,画面逐渐向右移动。

(3) 字幕:连忙追上去叫道,妈妈妈妈。

(4) 制作过程如下。

新建场景十一,将"场景9"元件放置在舞台上,尺寸大于舞台大小,使蝌蚪成为画面的主体。在第30帧插入关键帧,在第219帧插入关键帧并将整个画面向右移动,在第30～219帧创建传统补间动画,完成整个画面向右移动的过程。图层结构如图4.2.55所示,画面效果如图4.2.56所示。

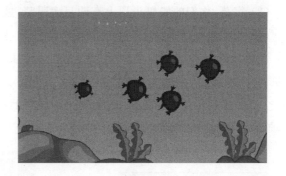

图 4.2.55   图 4.2.56

（十二）场景十二

（1）画面长度：198 帧。

（2）镜头变换：全景，画面逐渐放大。

（3）字幕：乌龟笑着说，我不是你们的妈妈。

（4）制作过程如下。

① 新建场景十二，将"场景 10"元件复制为"场景 12"元件，在原有基础上进行修改，删除"蝌蚪"和"乌龟"图层。

② 在"场景 12"元件中新建"蝌蚪"图层，将"小蝌蚪浮动 1"元件放置到舞台上。

③ 在"场景 12"元件中新建"乌龟"图层，将"乌龟上下浮动"元件放置到舞台上。图层结构如图 4.2.57 所示，画面效果如图 4.2.58 所示。

图 4.2.57   图 4.2.58

④ 返回场景十二，将制作好的"场景 12"元件放置在舞台上，尺寸等于舞台大小，在第 30 帧插入关键帧，在第 198 帧插入关键帧并将整个画面放大，在第 30～198 帧创建传统补间动画，完成整个画面逐渐放大的过程。

（十三）场景十三

（1）画面长度：212 帧。

（2）镜头变换：近景，画面逐渐向上移动。

（3）字幕：你们的妈妈头顶上有两只大眼睛，披着绿衣裳。

（4）制作过程如下。

新建场景十三，将"场景6"元件放置在舞台上，尺寸大于舞台大小，使青蛙成为画面的主体，在第40帧插入关键帧，在第212帧插入关键帧并将整个画面向上移动，在第40～212帧创建传统补间动画，完成整个画面向上移动的过程。图层结构如图4.2.59所示，画面效果如图4.2.60所示。

图 4.2.59

图 4.2.60

（十四）场景十四

（1）画面长度：136帧。

（2）镜头变换：全景，画面逐渐向上移动。

（3）字幕：你们到那边去找吧。

（4）制作过程如下。

新建场景十四，将"场景12"元件放置在舞台上，尺寸略大于舞台大小，在第30帧插入关键帧，在第136帧插入关键帧并将整个画面向上移动，在第30～136帧创建传统补间动画，完成整个画面向上移动的过程。图层结构如图4.2.61所示，画面效果如图4.2.62所示。

图 4.2.61

图 4.2.62

（十五）场景十五

（1）画面长度：284帧。

（2）镜头变换：全景，画面向上移动。

（3）字幕：小蝌蚪游啊游，过了几天尾巴变短了，它们游到荷花旁边。

（4）制作过程如下。

① 新建场景十五，新建"场景15"影片剪辑元件，背景和星光制作过程不再赘述。

② 新建"荷花荷叶"图层，将"荷花荷叶漂浮""荷叶漂浮"元件放置到舞台的合适位置。

③ 新建"青蛙跳"图层，将"幼年青蛙跳1"元件放置在舞台下方。图层结构如图4.2.63所示，画面效果如图4.2.64所示。

图 4.2.63

图 4.2.64

④ 返回场景十五，将制作好的"场景15"元件放置在舞台上，尺寸略大于舞台大小，在第40帧插入关键帧，在第284帧插入关键帧并将整个画面向上移动，在第40～284帧创建传统补间动画，完成整个画面逐渐向上移动的过程。

（十六）场景十六

（1）画面长度：424帧。

（2）镜头变换：全景，画面逐渐放大。

（3）字幕：看见荷叶上蹲着一只大青蛙，披着碧绿的衣裳，露着雪白的肚皮，鼓着一对大眼睛。

（4）制作过程如下。

新建场景十六，将"场景6"元件放置在舞台上，尺寸等于舞台大小，在第190帧插入关键帧，在第424帧插入关键帧并将放大整个画面，使青蛙成为画面的主体，在第190～424帧创建传统补间动画，完成整个画面逐渐放大的过程。图层结构如图4.2.65所示，画面效果如图4.2.66所示。

图 4.2.65

图 4.2.66

（十七）场景十七

（1）画面长度：652 帧。

（2）镜头变换：第 1～287 帧，全景，画面向上移动；第 288～531 帧，近景，画面向左移动；第 532～652 帧，全景，画面向上移动。

（3）字幕：小蝌蚪游过去，叫道，妈妈妈妈，青蛙妈妈低头一看，笑着说，好孩子，你们已经长成青蛙了，快跳上来吧，它们后腿一蹬向前一跳。

（4）制作过程如下。

① 新建"场景十七"，将"场景 15"元件复制为"场景 17"元件，在原有基础上进行修改。

② 新建"大青蛙"图层，将"荷叶青蛙漂浮"元件放置到舞台上。图层结构如图 4.2.67 所示，画面效果如图 4.2.68 所示。

图 4.2.67

图 4.2.68

③ 将制作好的"场景 17"元件拖放到场景十七舞台上，尺寸略大于舞台大小；在第 50 帧插入关键帧，在第 287 帧插入关键帧，将整个画面向上移动；在第 50～287 帧创建传统补间动画，完成整个画面向上移动的过程。

④ 在第 288 帧插入关键帧，将"场景 17"元件放大，使青蛙占据画面的主体；在第 330 帧插入关键帧，在第 531 帧插入关键帧，将整个画面向左移动；在第 330～531 帧创建传统补间动画，完成蝌蚪画面向左移动的过程。

⑤ 在第 532 帧插入关键帧，将"场景 17"元件缩小至舞台大小；在第 580 帧插入关键帧，在第 652 帧插入关键帧，将整个画面向上移动；在第 580～652 帧创建传统补间动画，完成整个画面向上移动的过程。

（十八）场景十八

（1）画面长度：172 帧。

（2）镜头变换：全景，画面向上移动。

（3）字幕：蹦到了荷叶上。

（4）制作过程如下。

① 新建"场景十八"，新建"场景 18"影片剪辑元件，背景和星光部分不再赘述。

② 新建"荷叶"图层,将"荷叶漂浮"元件放置到舞台上,并复制为 3 个。

③ 新建"青蛙"图层,将"幼年青蛙跳 2"元件放置到舞台上。图层结构如图 4.2.69 所示,画面效果如图 4.2.70 所示。

图 4.2.69

图 4.2.70

④ 将制作好的"场景 18"元件拖放到场景十八舞台上,尺寸略大于舞台大小;在第 35 帧插入关键帧,在第 172 帧插入关键帧,将整个画面向上移动;在第 35～172 帧创建传统补间动画,完成整个画面向上移动的过程。

(十九) 场景十九

(1) 画面长度:189 帧。

(2) 镜头变换:近景,画面向左移动。

(3) 字幕:不知道什么时候小青蛙的尾巴已经不见了。

(4) 制作过程如下。

新建"场景十九",将"场景 17"影片剪辑元件放置到舞台上,尺寸略大于舞台大小;在第 40 帧插入关键帧,在第 189 帧插入关键帧,将整个画面向左移动;在第 40～189 帧创建传统补间动画,完成整个画面向左移动的过程。图层结构如图 4.2.71 所示,画面效果如图 4.2.72 所示。

图 4.2.71

图 4.2.72

(二十) 场景二十

(1) 画面长度:208 帧。

(2) 镜头变换:全景,画面向上移动。

(3) 字幕:它们跟着妈妈天天捉害虫。

（4）制作过程如下。

① 新建"场景二十"，将"场景 18"元件复制为"场景 20"元件，在原有基础上进行修改，删除"青蛙"图层。

② 新建"青蛙妈妈"图层，将"青蛙呱呱叫"元件放置在舞台上。

③ 新建"青蛙成年"图层，将"青蛙跳跃成年"元件放置到舞台上，并复制为两个。图层结构如图 4.2.73 所示，画面效果如图 4.2.74 所示。

④ 将制作好的"场景 20"元件拖放到场景二十的舞台上，尺寸略大于舞台大小；在第 45 帧插入关键帧，在第 208 帧插入关键帧，将整个画面向上移动；在第 45～208 帧创建传统补间动画，完成整个画面向上移动的过程。

图 4.2.73

图 4.2.74

四、添加字幕和声音

图 4.2.75

（1）在场景一上新建"配音"图层，将声音素材拖放到桌面上。选中该图层上任意一帧，在属性面板中设置声音同步为"事件"，如图 4.2.75 所示。这样插入在场景一中的声音会一直在其他场景中播放。

（2）在场景二中新建"字幕"图层，输入静态文本，颜色为白色，字体为黑体，并嵌入字体，如图 4.2.76 所示。选中文本，添加发光滤镜，颜色为黑色，如图 4.2.77 所示。

（3）其他场景中的字幕制作过程同上。

图 4.2.76

图 4.2.77

五、短片测试与发布

因为故事短片是顺序运行的,按快捷键 Ctrl＋Enter 测试动画效果,每次从头开始播放,非常耗费时间,推荐两种方法来解决这个问题。第一种方法,当短片长度超过 500 帧时,建议使用多场景设计的方法,既免除了反复拖动时间轴的麻烦,又可以在"场景"面板中调整场景的顺序,将需要测试的场景移动到最上面,测试时更加节约时间。第二种方法是使用暴风影音软件播放 swf 发布文件,可以通过播放、暂停或单击播放条上任意位置实现画面的跳转,给短片测试带来很多便利。

短片制作需要用到很多元件,有效地管理库中的元件,也会给短片开发、后期测试带来很多便利。首先,库中元件必须命名,而且要根据元件的内容和特征进行命名,如"乌龟游泳""乌龟回头说话"等。其次,元件需要根据用途进行分类,如本短片中使用的所有青蛙元件按照"青蛙妈妈""青蛙幼年""青蛙成年"来进行分类,便于后期修改时能快速找到需要的元件。最后,按照元件类型进行分类,如将影片剪辑元件和图形元件放置在不同的文件夹中。

声画同步效果调整也是后期测试中非常耗时的工作之一。一般而言,故事短片、儿歌等都是提前准备好声音素材,然后设计画面,所以初学者应该先听录音,将每句旁白出现的长度和时间点记录下来,从而决定每个场景的时间长度,便于画面与声音同步。

参 考 文 献

邓文达,双洁,冯瑶,2009.精通 Flash 动画设计—Q 版角色绘画与场景设计[M].北京:人民邮电出版社.

海豚传媒,2014.培生启蒙互动英语[M].武汉:长江少年儿童出版社.

黄新峰,谢武宏,林念儒,等,2010.Flash CS5 ActionScript 3.0 游戏开发[M].台北:松岗电脑图书资料股份有限公司.

力行工作室,2010.Flash CS4 动画制作与特效设计 200 例[M].北京:中国青年出版社.

缪亮,2013.Flash 多媒体课件制作实验与实践[M].2 版.北京:清华大学出版社.

潘鲁生,2007.Flash 动画艺术设计案例教程[M].北京:清华大学出版社.

帅芸,刘嘉,刘汉,2004.CORELDRAW 与现代商业设计[M].北京:人民邮电出版社.

成斌,2007.Flash 8 动画特效设计经典案例[M].北京:人民邮电出版社.

杨东昱,2009.Flash 动画即战力 ActionScript 3.0 范例随学随用[M].北京:清华大学出版社.

曾祥辉,2005.CorelDRAW 12 中文版绘图技能与平面设计应用实例[M].北京:人民邮电出版社.

智丰电脑工作室,2007.Flash(中文版)绘画宝典[M].北京:科学出版社.